战略性新兴产业科普丛书

江苏省科学技术协会
江苏省新材料产业协会　组织编写

新材料

段小光　马爱斌　金 钟　主编

江苏凤凰科学技术出版社
南京

图书在版编目（CIP）数据

新材料/段小光，马爱斌，金钟主编.—南京：
江苏凤凰科学技术出版社，2019.12（2020.10重印）
（战略性新兴产业科普丛书）
ISBN 978-7-5345-9515-8

Ⅰ.①新… Ⅱ.①段… ②马… ③金… Ⅲ.①材料科
学－通俗读物 Ⅳ.①TB3-49

中国版本图书馆CIP数据核字（2019）第186033号

战略性新兴产业科普丛书
新材料

主　　　编	段小光　马爱斌　金　钟
责 任 编 辑	孙连民
责 任 校 对	郝慧华
责 任 监 制	刘　钧

出 版 发 行	江苏凤凰科学技术出版社
出版社地址	南京市湖南路1号A楼，邮编：210009
出版社网址	http://www.pspress.cn
制　　　版	南京紫藤制版印务中心
印　　　刷	徐州绪权印刷有限公司

开　　　本	718 mm×1 000 mm　1/16
印　　　张	9.125
版　　　次	2019年12月第1版
印　　　次	2020年10月第2次印刷

| 标 准 书 号 | ISBN 978-7-5345-9515-8 |
| 定　　　价 | 48.00元 |

图书若有印装质量问题，可随时向我社出版科调换。

总 序

进入 21 世纪以来，全球科技创新进入空前密集活跃的时期，新一轮科技革命和产业变革正在重构全球创新版图、重塑全球经济结构。战略性新兴产业以重大技术突破和重大发展需求为基础，对经济社会全局和长远发展具有重大引领带动作用，是知识技术密集、物资资源消耗少、成长潜力大、综合效益好的产业，代表新一轮科技革命和产业变革的方向，是培育发展新动能、获取未来竞争新优势的关键领域。

习近平总书记深刻指出，"科学技术从来没有像今天这样深刻影响着国家前途命运，从来没有像今天这样深刻影响着人民生活福祉""要突出先导性和支柱性，优先培育和大力发展一批战略性新兴产业集群，构建产业体系新支柱"。江苏具备坚实的产业基础、雄厚的科教实力，近年来全省战略性新兴产业始终保持着良好的发展态势。

随着科学技术的创新和经济社会的发展，公众对前沿科技以及民生领域的科普需求不断增长。作为党和政府联系广大科技工作者的桥梁和纽带，科学技术协会更是义不容辞地肩负着为科技工作者服务、为创新驱动发展服务、为提高全民科学素质服务、为党和政府科学决策服务的使命担当。

为此，江苏省科学技术协会牵头组织相关省级学会（协会）及有关专家学者，围绕"十三五"战略性新兴产业发展规划和现阶段发展情况，分别就信息通信、物联网、新能源、节能环保、人工智能、新材料、生物医药、新能源汽车、航空航天、海洋工程装备与高技术船舶十个方面，编撰了这套《战略性新兴产业科普丛书》。丛书集科学性、知识性、趣味性于一体，力求以原创的内容、新颖的视角、活泼的形式，与广大读者分享战略性新兴产业科技知识，共同探讨战略性新兴产业发展前景。

行之力则知愈进，知之深则行愈达。希望这套丛书能加深广大公众对战略性新兴产业及相关科技知识的了解，进一步营造浓厚的科学文化氛围，促进战略性新兴产业持续健康发展。更希望这套丛书能启发更多公众走进新兴产业、关心新兴产业、投身新兴产业，为推动高质量发展走在前列、加快建设"强富美高"新江苏贡献智慧和力量。

中国科学院院士

江苏省科学技术协会主席　陈骏

2019 年 8 月

前 言

  2015 年 10 月 23 日，习近平总书记访问英国，在参观曼彻斯特大学国家石墨烯研究院时表示："新材料产业必将成为未来高新技术产业发展的基石和先导，对全球经济、科技、环境等各个领域发展产生深刻影响。"2019 年 3 月 5 日，李克强总理在第十三届全国人民代表大会第二次会议上作政府工作报告时指出，要促进新兴产业加快发展，培育新一代信息技术、生物医药、新材料等新兴产业集群。可见，新材料产业在国民经济发展过程中的重要地位和作用。

  翻开历史画卷，人类文明史其实就是一部材料不断演变的历史。从石器时代到陶器时代、青铜器时代、铁器时代，再到硅时代、碳时代，人类文明的每一次进步都离不开新材料的出现。迄今，人类发现的材料已有百万余种，每年还在以惊人的速度不断递增。每一种新材料的发现和利用，都会将人类支配和改造自然的能力提高到一个新的水平，从而推动人类文明向前快速迈进。可以说，材料构筑了整个世界，而新材料正改变着世界和未来。

  同时，材料也极具神奇的色彩，如石墨、金刚石、石墨烯同为碳元素物质，却是用途迥异的不同类型的材料。石墨质软可做铅笔写字，金刚石质硬常用来制作钻头和刀具，石墨烯薄到只有一个碳原子的厚度，被认为是一种极具潜力的新材料，从柔性电子产品到智能服装，从超轻型飞机材料到防弹衣，甚至未来的太空电梯都可以以石墨烯为原料。因此，只有深入认识和把握材料的特性，充分利用新的加工工艺，才能物尽其用，真正实现"料能成材、材能成器、器能好用"。

  当前，新材料在世界范围内已经步入前所未有的历史发展新阶段，发达国家纷纷把发展新材料产业上升为国家战略。我国是制造业大国，目前正处在工业转型升级的关键时期，很多领域都离不开材料的支撑。实施制造强国战略，推动制造业高质量发展，更离不开新材料的护航。因此，大力发展新材料势在必行。

作为从事新材料产业发展的研究者和工作者，更要全面深入地了解和熟悉每一种新材料的发展过程、应用领域和发展方向。

本书分先进钢铁材料、先进有色金属材料、先进石化化工新材料、先进无机非金属材料、高性能纤维及复合材料、前沿新材料 6 章，形象生动地介绍了 50 余种新材料的起源、功能和应用，以加大新材料产业科学普及和传播力度，发挥知识创新和技术创新双轮驱动作用，推动江苏新材料产业高质量发展，推进民众科学素质整体提升。

本书编写得到江苏大学花银群教授、南京林业大学梅长彤教授、常州大学朱卫国教授、常熟理工学院左晓兵教授等专家的帮助，谨致谢忱。同时，本书也借鉴或借用了国内有关新材料研究的一些成果，恕不一一致谢。因为时间所限，本书错讹在所难免，只能寄望于读者指正，并在再版时纠正，欢迎读者与编委会直接联系沟通。

《新材料》编撰委员会

2019 年 8 月

目　录

第一章

先进钢铁材料

1. 国产高端轴承"难产"，难在哪里?

当今世界，凡是需要转动的机器，都缺少不了一样部件，那就是轴承。轴承，几乎存在于我们生活的每个角落。从堆满街头的共享单车到掠过头顶的民航客机，从鱼翔浅底的核潜艇到巡天遥看的空间站，从工业制造中的机床、发电机，再到居家使用的电冰箱、洗衣机、抽油烟机等，轴承可以说是无处不在。

当前，我国已经是无可置疑的超级轴承生产和使用大国。早在2014年，全国轴承产量就达到了196亿套，位居世界第三位。但是，大多数轴承产品还是处于中低档水平，品质不高。在高端轴承领域，我国制造水平与国际领先水平仍有很大差距，高铁、高速高精密机床、大型风机发电等重型装备用轴承（图1-1）几乎全部依赖进口，是我国制造业难以补齐的短板。那么，国产高端轴承如此"难产"，到底难在哪里呢?

答案就是制作轴承的材料——高端轴承钢。与普通钢材相比，轴承钢作为特殊钢的一员，需要具有更高的强度和韧性，更好的物理性能、化学性能和工艺性能，是特钢材料中公认的高难度产品，素有"钢中之王"的美誉。

当前，国际标准化组织（ISO）及我国将轴承钢主要分为4类，包括高碳

图1-1　海上风力发电轴承

铬轴承钢（全淬透轴承钢）、渗碳轴承钢（表面硬化轴承钢）、不锈轴承钢和高温轴承钢。其中，高碳铬轴承钢采用1%C-1.5%Cr（CCr15）的基本成分，是轴承钢的代表钢种，生产量最大。渗碳轴承钢要求表面具有高硬度和高耐磨性，同时芯部仍有良好的韧性，多用在承受较大冲击载荷的地方，如轧机轴承等，国内主要有G20Cr2Ni4、G20CrNiMo等牌号。不锈轴承钢类主要有马氏体不锈钢、奥氏体不锈钢、沉淀硬化型不锈钢等，主要用于制造在腐蚀环境下使用的轴承零件，常见牌号有9Cr18和9Cr18Mo。高温轴承钢要求具有良好的高温硬度（>58HRC）、尺寸稳定性、耐高温氧化性、抗蠕变性等，主要用于航空航天的喷气式发动机、燃气轮机和宇航飞行器等制造领域。我国纳入标准的有Cr4Mo4V，属于高速钢。

轴承钢的性能主要与两个冶金因素有关：材料的纯净度和均匀性。轴承钢的夹杂物水平直接决定了原材料的纯净度，冶炼过程中氧含量的控制也十分重要。目前，发达国家生产的钢中氧含量已经降到5 mg/kg以下，钢中的夹杂物含量也得到大幅度降低，分布更加均匀，尺寸更加细小。尤其是随着钢的高纯净度冶炼平台的完善和轴承钢纯净度的提高，轴承钢中的夹杂物水平得到很大改善，使得钢中碳化物的含量、分布、大小成为制约轴承钢品质的主要因素。因此，在高纯度冶炼平台下控制碳化物的水平就显得越来越重要。

发达国家对于高端轴承钢的研发和生产极为重视，其中以瑞典、日本、德国等国表现最为突出，其生产状况代表了世界轴承钢的生产水平和方向。另外，由于不断采用新技术，轴承钢的氧含量及其他有害元素含量不断下降，疲劳寿命不断提高。我国轴承设计技术水平、生产工艺和生产装备水平也在不断提升，轴承钢产品的品质大幅度提高，但仍然只有个别企业能够达到国外轴承钢原材料的供货标准。

未来，我国轴承钢的发展方向：一是经济性前提下提高洁净度；二是组织细化与均匀化；三是进一步降低轴承钢中的中心缩松、中心缩孔与中心成分偏析，提高低倍组织的均匀性；四是大幅度提高轴承钢的韧性，从而提高轴承的可靠性。最近几年，国家有关部委正在酝酿相关政策，着力推动高端轴承用钢的国产化，解决高端轴承用钢的"卡脖子"难题。

2. 齿轮钢：钢铁世界中的关键材料！

"这个家庭的历史是一架周而复始无法停息的机器，是一个转动着的轮子，这只齿轮，要不是轴会逐渐不可避免地磨损的话，会永远旋转下去。"诺贝尔文学奖得主马尔克斯在《百年孤独》中，用机械核心部件齿轮的运动来形容家庭的运行（图1-2）。

图1-2 齿轮与家庭

在现实生活中，齿轮也是各类器械和机器上最关键的零部件之一，是传递运动和动力的机械元件，可以广泛应用于制造车船飞机、工业机床、齿轮装置等。有小至质量只有百万分之一克的医用齿轮（清扫脑梗患者的脑血管），也有大到直径超过12米的水力发电机用齿轮。

齿轮作为传动系统的重要零部件，不仅要有良好的强韧性、长寿命、抗冲击、耐磨损等性能要求，还要变形小、精度高、噪声低。这就对制造齿轮的材料——齿轮钢提出了更高的要求，既要满足齿轮表面的高硬度，也要满足芯部的强韧性。目前，制造齿轮的原材料主要为先进钢材料，一般有低碳钢，如20#钢；低碳合金钢，如20Cr、20CrMnTi等；中碳钢，如35#钢、45#钢等；中碳合金钢，如40Cr、42CrMo、35CrMo等。

在齿轮钢众多性能当中，淬透性是齿轮钢的重要性能指标之一，主要体现齿轮的芯部硬度，以及控制齿轮热处理变形。齿轮钢的淬透性和淬透性带宽的控制，主要取决于材料的化学成分和均匀性。钢材料中的碳、锰等含量对材料淬透性影响比较大，通常可以根据钢中碳和合金元素对淬透性各点硬度值的影响，来确定材料的内控成分范围。晶粒大小是齿轮钢材料的另一项重要指标。齿轮钢中细小均匀的奥氏体晶粒，淬火后得到细马氏体组织，可以明显改善齿轮的疲劳性能，同时减少齿轮热处理后的变形量。齿轮钢晶粒度要求≥6级，通常是在冶炼时控制钢中残余铝含量，从而达到细化晶粒的目的。

齿轮钢广泛应用在汽车、高铁、船舶、飞机等传动装置中，为了满足各种使用环境要求，齿轮钢的钢材种类也是千差万别，可以说是百花齐放。下面简要介绍几种高性能的齿轮钢（图1-3）。

图1-3 高性能齿轮钢

① 8622H钢。此类齿轮钢材料属于Cr-Ni-Mo系渗碳和碳氮共渗钢，常被用来生产重型汽车、挖掘机、吊车、机床等重型机械的传动齿轮和齿轮轴，也常见于大扭矩小型齿轮和齿轮轴的制作。

② 17CrNiMo6H钢。该钢冲击功率可达到112 J，性能较22CrMoH钢更好，已部分用于国内某些重型汽车驱动桥齿轮的生产。

③ 17Cr2Mn2TiH。性能更高于17CrNiMo6H钢的一类齿轮钢，可以用来制造重型汽车驱动桥齿轮及商品齿轮。实验证实可用于取代17CrNiMo6H和20CrNi3H、22CrMoH等钢种。

目前，我国拥有齿轮制造企业5 000多家，规模以上制造企业有1 000多家，产业规模已连续多年位居全球第一，部分高端产品达到国际先进水平。但是，我国汽车自动变速器、工业机器人RV减速器、时速大于等于350 km/h高铁齿轮等高端齿轮材料仍高度依赖进口，对外贸易逆差巨大，这也引起了国家的高度重视。已出台的《装备制造业调整和振兴规划》明确提出，要把重点发展高精度齿轮传动装置作为产业转型升级的主要任务之一。相信在不久的将来，国产高端齿轮钢材料将会有大的突破。

3. 带你认识什么是模具钢

越来越优美的汽车曲面、惊艳的笔记本电脑外壳、形状各异的铝合金型材，无不让我们感受着"中国制造"的日渐强大。事实上，这些科技进步的背后是我国模具钢从无到有、从弱到强的发展历程。模具是机械制造、无线电仪表、电机、电器等工业部门中制造各种零件的主要加工工具。模具的质量很大程度上决定着产品的质量、企业的效益和新产品的开发能力。因此，模具素有"工业之母"的美称。

模具生产水平的高低是衡量一个国家产品制造水平的重要标志。那么，模具的质量又与什么有关呢？答案就是模具钢。模具钢是用来制造各类冷冲模、热锻模、压铸模和注塑模等模具钢种的统称，其品质将直接决定着模具的质量和寿命。

根据使用环境的不同，模具钢大致可分为冷作模具钢、热作模具钢和塑料模具钢三类。

（1）冷作模具钢

冷作模具是指用来制造使金属发生冷变形的模具，如冷冲、冷镦、冷挤压、冷冲裁、拉伸、拉丝等模具。汽车钢板模具（图1-4）就是典型代表。这些模具的实际工作温度一般低于300 ℃，工作中主要受到拉伸、压缩、冲击、疲劳、摩擦等机械力作用，这就要求模具钢具有高硬度和高耐磨性，同时有一定韧性。因此，在热处理时要求模具钢的淬透性高，淬火形变小。冷作模具钢大体可分为低合金冷作模具钢、中合金冷作模具钢、高合金冷作模

图1-4 汽车冲压模具

具钢以及近年来发展迅速的新型冷作模具钢。目前，冷作模具钢正向着钢种多样化迈进。如何通过合理手段使冷作模具钢具有优异的耐磨性、强度、韧性等综合性能，将是新型冷作模具钢发展的重要方向。

（2）热作模具钢

与冷作模具相反，热作模具是用来制作使金属发生热变形的模具，主要包括热锻模、压力机锻模、冲压模、热挤压模和金属压铸模等。热变形模具在工作中除要承受巨大的机械应力外，还要承受反复受热和冷却而产生的大量热应力。因此，除了要有高的硬度、强度、红硬性、耐磨性和韧性外，热作模具钢还必须具有良好的耐高温强度、热疲劳稳定性、导热性、耐蚀性以及较高的淬透性。尤其，作为苛刻环境下使用的压铸模用钢，还应具有表层经反复受热和冷却不产生裂纹，以及经受液态金属流冲击和侵蚀的能力。这类钢一般属于中碳合金钢，碳元素的质量分数在0.30% ~ 0.60%，属于亚共析钢，也有一部分钢中由于加入了较多的钨、钼、钒等合金元素而成为共析或过共析钢。我国推出的典型牌号有HDCM、SDH3和SDDVA+Nb等通用型热作模具钢。

（3）塑料模具钢

塑料模具钢主要用于制造生产塑料制品的模具，在模具钢的用量中占比较高。塑料模具钢的工作特点是：既要承受炽热的塑料熔融液的冲刷磨损，又要承受氯、氟等有害气体的腐蚀。因此，为了提高塑料制品的质量，扩大其应用领域，塑料模具钢正向着高精度、高效率和长使用寿命的方向发展。当前，我国新型塑料模具钢的开发主要有两个途径：① 结合我国资源与冶金技术的实情，研制具有高性能和低成本的新钢种；② 引进国外性能优良的钢种进行国产化研制，以取代价格昂贵的进口钢材。

长期以来，我国大多数钢厂都在大量地生产通用性强、技术含量低的模具钢，市场利润空间狭小，致使国产模具钢产业陷入一个大而不强的局面。因此，国产高端模具钢与国外相比差距甚大。我国每年需进口的高端模具钢达10万吨，其价格要比国内同类产品高出几倍甚至十几倍。随着我国科学技术和制造行业的大力发展，当前，我国正从模具生产大国迈向模具制造强国，基本改变了国内高端模具钢依赖进口的局面，国产模具钢开始从"卡脖子"向"抢份额"转变。

4. 能屈能伸的弹簧钢特殊在哪里?

著名武侠小说作家金庸先生用一支笔在很多人心里种下了一个武侠梦。金先生的《倚天屠龙记》中有一段话,相信大家一定有印象,主角张无忌为救常遇春连受灭绝师太三掌,运功疗伤时忽然记起九阳真经中的武功秘诀:他强由他强,清风拂山冈。他横任他横,明月照大江。大致意思:不论敌人如何强猛、如何凶恶,尽可当他是清风拂山,明月映江,虽能加于我身,却对我不能有丝毫损伤。如果要在现实中找到某样实物类比这段话,相信大部分人最先能想到的就是弹簧!

弹簧是一种利用弹性来工作的机械零件。在受到外力时弹簧能产生较大的弹性变形,并把机械能或动能转化为变形能,而在外力撤去后弹簧的形变消失并恢复到原状,同时将形变能转化为机械能或动能。外力越大,弹簧发生的变形越大。当外力撤去又能迅速恢复,几乎不受损伤(图1-5)。而弹簧钢是指具有在淬火和回火状态下的弹性,而专门用于制造弹簧和弹性元件的钢。

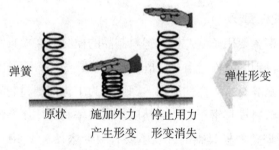

弹簧　　　　　　　　　　　　　　　　　　　　　　弹性形变

原状　　　施加外力　　停止用力
　　　　　产生形变　　形变消失

图1-5　弹簧弹性形变示意

由于弹簧是在动载荷环境条件下工作的,所以对制造弹簧的材料具有一定的要求,尤其是要有较高的屈服强度和疲劳强度(图1-6)。高的屈服强度可以使弹簧在承受重载荷时不引起塑性变形,而高的疲劳强度则可以让弹簧在载荷反复作用下具有较长的使用寿命,并有足够的韧性和塑性,在冲击力作用下不会突然脆断。根据GB/T 13304《钢分类》标准,按照基本性能及使用特性,弹簧钢属于机械结构用钢;按照质量等级,属于特殊质量钢,需要在生产过程中特别严格控制质量和性能。按照我国习惯,弹簧钢属于特殊钢。

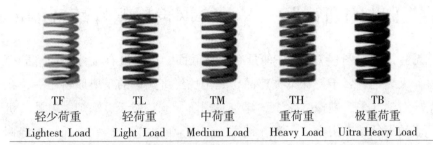

TF	TL	TM	TH	TB
轻少荷重	轻荷重	中荷重	重荷重	极重荷重
Lightest Load	Light Load	Medium Load	Heavy Load	Uitra Heavy Load

黄色（轻小负荷）：最大可以压缩至总长度的42%（例如总长100 mm压缩到42 mm）
蓝色（轻负荷）：最大可以压缩至总长度的52%（例如总长100 mm压缩到52 mm）
红色（中负荷）：最大可以压缩至总长度的62%（例如总长100 mm压缩到62 mm）
绿色（重负荷）：最大可以压缩至总长度的72%（例如总长100 mm压缩到72 mm）
茶色（极重负荷）：最大可以压缩至总长度的76%（例如总长100 mm压缩到76 mm）

图1-6　承受不同负荷的弹簧

在分类方面，弹簧钢按照其组成分为非合金弹簧钢（碳素弹簧钢）和合金弹簧钢。其中，非合金弹簧钢的碳（C）含量一般在0.62%~0.90%。按照其锰（Mn）含量又分为一般锰含量（0.50%~0.80%）和较高锰含量（0.90%~1.20%）。合金弹簧钢是在碳素钢的基础上，通过适当加入一种或几种合金元素来提高钢的力学性能、淬透性和其他性能，以满足制造各种弹簧所需性能的钢。合金弹簧钢的基本组成系列有硅锰弹簧钢、硅铬弹簧钢、铬锰弹簧钢、铬钒弹簧钢、钨铬钒弹簧钢等。在这些系列的基础上，有一些牌号为了提高某些方面的性能而加入了钼（Mo）、钒（V）或硼（B）等合金元素。

在产品应用方面，我国弹簧产品主要消费市场包括交通运输、日用五金、仪器仪表、电子电器、工矿配件以及海外出口等。其中，汽车、电动车、柴油机、高铁、船舶等交通运输行业是我国弹簧行业最大的应用领域。随着我国汽车、铁路等装备制造业的快速发展，将继续带动弹簧产品的生产需求，弹簧钢材料的消费量也将继续保持稳步增加。同时，随着弹簧应用行业的升级换代，对弹簧的要求越来越高，弹簧产品结构将有所改变，高技术产品的比重将逐步增加。尤其是适应汽车轻量化需求的高强度汽车悬架用弹簧钢、气门弹簧钢、汽车稳定杆用弹簧钢等产品，适应铁路车辆提速、重载需求的弹簧钢材料将加速发展。

5. "工业的血管"——无缝钢管是怎样炼成的?

无缝钢管(图1-7)是一种具有中空截面、周边没有接缝的经济断面钢材。无缝钢管属于特殊钢类产品,是国民经济建设的重要原料之一,在汽车、石油开采、钻探、化工、建筑、国防、航空航天、锅炉、电站、机械、船舶等领域应用十分广泛,被誉为"工业的血管"。一方面,无缝钢管中空截面大,作为天然气、石油、水、粉体等的输运管道具有明显优势;另一方面,在抗弯强度和抗扭强度相同的条件下,无缝钢管具有比实心钢材更轻的质量,作为结构件使用可以显著减少材料使用,减轻结构质量,降低资源压力。

图1-7 先进钢铁材料——无缝钢管

无缝钢管生产有超过一百年的历史。1836年,英国人Hanson采用挤压法为生产无缝钢管作了初次努力,由于冲头和挤压杆等工具刚性不够,尝试以失败告终。1862年,George Walter Dyson发明了生产无缝钢管的斜轧工艺,并申请了专利。1885年,德国曼尼斯曼兄弟发明了二辊斜轧穿孔机,只需一道工艺即可将实心钢管扎成无缝钢管,翻开了无缝钢管生产的新篇章。随后,随着周期轧管机、自动扎管机、连续式轧管机、顶管机等生产设备的出现,形成了现代无缝钢管工业。

我国的无缝钢管生产起步较晚,中华人民共和国成立后,党中央为了支持工业建设,决定在辽宁鞍山建立中国第一座无缝钢管生产厂,即鞍山无缝钢管厂。经过中国、苏联两国专家的共同努力,一条年产6万吨的热轧无缝钢管生产线在鞍山建成。1953年10月27日,第一条无缝钢管生产成功,工人截下200 mm样品并派人送到北京毛主席手中，毛主席见后十分喜悦。

那么，无缝钢管到底是怎样炼成的呢？无缝钢管的生产工艺一般可分为热轧和冷轧两种。热轧是在再结晶温度以上进行轧制，而冷轧是在再结晶温度以下进行轧制。

冷轧（拔）无缝钢管主要生产工序为：坯料准备→酸洗润滑→冷轧（拔）→热处理→矫直→精整→检验。热轧可以改善钢材的组织结构，细化晶粒并消除位错等显微组织缺陷，从而提高钢管的力学性能。但热轧过程中的不均匀冷却，会对变形、抗疲劳性及稳定性方面产生不利影响。另外，由于热胀冷缩，热轧钢管的厚度和边宽不好控制，精度不高。冷轧精度高，但是设备复杂，工具加工困难，因此冷轧钢管价格相对较高，主要用于生产小直径薄壁、精密和异型钢管。

无缝钢管的热轧工艺主要分为穿孔、二次延伸和定径三个阶段。具体生产工序为：管坯准备及检查→管坯加热→穿孔→轧管→荒管再加热→减（定）径→热处理→成品管矫直→精整→检验→入库。热轧无缝钢管生产装备主要包括自动轧管机组、连续轧管机组、三辊轧管机组。自动轧管机组由穿孔机、自动轧管机、均整机、定径机组成，机组的特点是在穿孔机上实现主要变形，规格变化较灵活，生产品种范围较广。常用系列有外径为100 mm、140 mm、250 mm和400 mm四种，可生产外径17～426 mm钢管。连续轧管机组由穿孔机、连续轧管机、张力减径机组成，其特点是适于生产外径168 mm以下钢管，设备投资大，装机容量大，芯棒长，加工制造复杂，但年产量相较于自动轧管机组更高（图1-8）。

三辊斜连轧钢管机组的主轧机在一台设备上完成。穿孔和轧管过程中管坯由前台系统送入主轧机后，通过轧辊咬入送进穿孔段，完成穿孔过程，继续进入轧管段实现管材轧制。轧制后管材送入后台系统脱棒、翻钢再进入下一工序（图1-9）。三辊孔型各点间线速度差较小，金属横向流动少，变形更加均匀，改善了钢管表面质量，提高了壁厚精度。三辊轧管主要用于生产尺寸精度高的厚壁管。

当前，能源、交通、石化用管需求量的迅速增长，为我国无缝钢管的发展提供了有利契机，但产业也面临国际、国内两个市场的激烈竞争。为此，国内无缝钢管行业要想发展，必须改变现状，适应目前国际市场发展趋势，

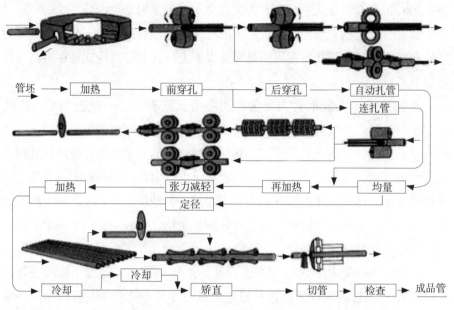

图1-8　自动轧管机组和连续轧管机组生产流程

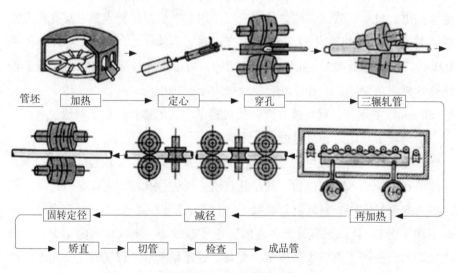

图1-9　三辊轧管机组生产流程

逐步实现国内钢管产品市场的重新分工，组建跨地区跨部门的集团公司，在科研技术上做好文章，增强国际竞争能力，抢占更多的市场份额。

6. 不锈钢：人类对抗大自然"侵蚀"的法宝！

钢铁的大规模使用推动人类文明进入了新的历史时期——钢铁时代，成为人类文明的一个重要标志。自从人类开始使用钢铁，与"锈蚀"的抗争就成为一场旷日持久的战争。锈迹斑斑的机械、倒塌的钢架桥梁几百年来无不向人类炫耀着大自然"侵蚀"的力量。直到20世纪初，一种叫"不锈钢"材料的出现才使得人类拥有了对抗大自然"侵蚀"的制胜法宝。

不锈钢，顾名思义是指在大气、水、酸、碱和盐等溶液或其他腐蚀介质中具有一定化学稳定性的钢的总称。在空气中耐蚀的钢称为"不锈钢"；在各种侵蚀性较强的介质中耐蚀的钢称为"耐酸钢"。通常把不锈钢和耐酸钢统称为不锈耐酸钢，简称"不锈钢"。不锈钢之所以不锈是因为它含有至少10.5%的铬金属（Cr）。Cr的加入，给不锈钢穿上了一层致密的保护膜——钝化膜，从而赋予不锈钢很强的抵御介质侵蚀的能力。

在不锈钢中加入镍元素（Ni）可以改变不锈钢的原子排列，形成一种新的不锈钢——奥氏体不锈钢。奥氏体不锈钢不仅具有普通不锈钢的耐蚀性，而且具有优异的塑韧性、焊接性能和塑性加工性能。我们生活中常用的不锈钢杯子、餐具等一般都是由奥氏体不锈钢加工的（图1-10）。有趣的是，奥氏体不锈钢是非磁性的，磁铁吸不住，有兴趣的读者可以试试。既然奥氏体不锈钢这么好，为什么我们的桥梁、汽车、建筑物门窗等不用它呢？这是由于Cr、Ni金属非常贵，这使得不锈钢的价格远高于普通钢铁。

图1-10　日常不锈钢制品

有什么办法可以降低奥氏体不锈钢的价格并且能保持其优异的性能呢？科学家发现，向奥氏体不锈钢中加入1%的氮（N）就可以代替6%~20%的镍，你没看错，正是普通的氮。而氮单质的价格仅为镍单质的1/200，价差十分巨大。更吸引人的是，氮含量高不仅大大提高了不锈钢的耐蚀性能，而且还提高了不锈钢的强度和塑韧性。高氮不锈钢通过冷加工可以进一步提高其强度并仍然保持良好的塑性。比如18%Mn18%Cr0.6%N的高氮奥氏体钢，在变形量为40%时，其屈服强度可从600 MPa提高到1 400 MPa以上，而断裂韧性仍保持着较高的数值；如果采用拉丝的话，可进一步将屈服强度提高到2 400 MPa，强度提高了4倍，是我们常见的工程机械用钢的6倍多。

另外，由于高氮不锈钢中没有镍元素的存在，从而可避免镍元素在人体内析出造成的致敏性及其他组织反应。因此，高氮不锈钢的生物相容性较好，多用在医用合金上（图1-11）。同时，优异的耐腐蚀性能与力学性能的结合使得高氮不锈钢凸现为工程材料中的热点。例如，作为无磁钻铤用材，高氮不锈钢既能满足无磁钻铤高强度作业，又能符合油井油气的腐蚀环境。因此，研发和生产高氮无镍奥氏体不锈钢具有极大的经济效益和社会效益。

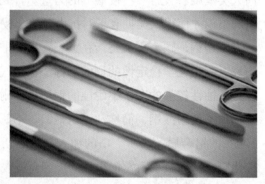

图1-11　医用新型高氮无镍不锈钢制品

高氮不锈钢是怎么制造出来的呢？氮气会自己跑到钢里面去吗？事实上，常压下氮在钢中的溶解度很低，将氮加入不锈钢中是一件极富挑战的事情，是阻碍氮作为合金化元素的主要因素，也是发展高氮不锈钢的首要问题。不难想到，我们通过加压的办法可以将氮"压"到不锈钢中去，这就是生产高氮不锈钢的主要技术——加压冶金技术，如加压感应熔炼、加压电渣重熔、真空感应熔炼等。但是，加压冶金存在冶炼工艺复杂、设备昂贵、安全隐患大、生产成本高等问题。

因此，在常压下探究制备高氮不锈钢成了业内研究的热点。由于氮在固态不锈钢中的溶解度比其熔体中的溶解度大得多，利用粉末冶金技术（一种用金属粉末作为原料，经过成形和烧结，制造金属材料的方法）可以在较低的氮压力和温度下完成合金粉末的氮化，制得高氮含量的不锈钢粉末，并且可以精确控制氮含量。此外，粉末冶金技术还可以实现零部件的近终成形，具有节约材料、生态洁净、部件性能组织均匀等优点，已成为高氮不锈钢研发和生产的技术趋势。

7. 你对海洋耐蚀钢了解多少?

海洋,覆盖着大约70%的地球表面,陆地被广袤的海洋包围着,仿若浮于海面的不沉之舟。人类对海洋的探索永不停歇,从最初的乘桴浮于海,到当下的万米深潜科考,那一片连绵不绝的蔚蓝诱惑着人类,一点点地揭开海洋的神秘面纱。钢铁材料一经问世,就成为开发和利用海洋的得力助手。然而,众所周知,海洋环境对钢铁材料有强烈的腐蚀作用。与陆地相比,海洋环境更为复杂,海水是具有一定流速和盐度的电解质溶液,其中含有大量以氯化钠(NaCl)为主的盐类、溶解氧、二氧化碳、海洋生物和腐败的有机物等。所以,海水对钢材的腐蚀性很强,钢材在海水中极易发生电化学腐蚀,造成设施严重损坏(图1-12)。

图1-12　海洋对钢材的腐蚀

那么,有什么办法可以减轻钢铁材料在海水中的腐蚀呢?目前,钢铁材料的防腐途径主要有两类:一是涂敷耐腐蚀涂层(即在钢铁材料表面刷油漆)或电化学保护,但实践证明效果较差,并且产生的环境污染较大;二是采用不锈钢材料,但不锈钢成本高,并且难以满足各种工程的需要。

有没有防腐效果好、与环境友好,并且成本低的耐海水腐蚀用钢呢?科学家发现,通过在钢中添加微量合金,可以使钢材本身具有良好的耐腐蚀性能,耐海水腐蚀性能为普通碳钢的2~3倍,并能保持优良的综合使用性能。这类低合金高强度钢被称为海洋耐蚀钢。

海洋耐蚀钢主要应用于原油运输船、海洋平台、海底油气管线、海上风机、大型跨海桥梁等领域（图1-13）。海洋中蕴藏着丰富的自然资源，海洋资源的开发与利用成为21世纪的重点目标之一，这类钢也因在海洋开发和利用领域涉及面广、用量大而备受关注。

图1-13　海洋耐蚀钢的应用

然而，由于海洋腐蚀复杂、环境条件难以模拟，海洋耐蚀钢发展起步较晚。美国最早开始研究海洋耐蚀钢，19世纪50年代，美国钢铁公司成功研制了铜-磷-镍（Cu-P-Ni）系耐海水腐蚀低合金钢，命名为马丽娜（Mariner）钢。凭借其显著的海洋环境耐蚀性能，这种钢在世界各海域的海港和海洋工程设施上得到广泛应用。但是，Mariner钢中含磷量高，不好焊接，只能用在护堤、筑堤等不需要焊接的钢桩上，从而限制了它的应用。随后，其他国家也相继开展了海洋耐蚀钢的研究。其中，法国的钢厂研制出与Mariner钢完全不同的铬-铝（Cr-Al）系的APS系列海洋耐蚀钢。日本钢铁企业在Mariner钢的基础上，用Cr替换高成本元素Ni，以降低成本。同时，着重改善Mariner钢不好焊接的缺点，扩大钢桩以外的使用范围，研制出Mariloy钢等系列海洋耐蚀钢。现在日本的耐海水用钢已经有十多种。

我国海洋耐蚀钢的研究始于1965年，经过长期试验，逐步筛选出16个钢种，并在我国南海湛江、东海厦门、黄海青岛三个海域对16个钢种展开为期10年的耐海水腐蚀的统一评定试验。近年来，上海宝钢开发出耐海水腐蚀钢Q345C-NHY3，并成功应用于东海洋山深水港建设工程中，填补了该钢种国内批量供货空白。目前，我国研制的海洋耐蚀钢已被用于钢桩码头、海水管道、船舶、采油平台、制盐设备等方面。海洋的探索刚刚起步，海洋耐蚀钢的开发使用必将加快人类探索开发和利用海洋的步伐。

第二章

先进有色金属材料

1. 镁合金：金属界极轻极强的明星材料！

从人类最早期的原始工具到第一次尝试飞行，我们就一直在寻找又轻又强壮的材料。尤其是在汽车、飞行等产品的设计中，考虑到安全和可靠性的需求，金属材料无疑是公认的首选，但钢铁的质量无疑让设计人员倍感苦恼。那么，有没有一种金属可以满足人们对轻量化设计的需求呢？镁（合金）就是最佳的选择。

镁（Mg）是地壳中第八丰富的元素，密度为铝的67％，为钛的40％，为钢的25％。加入其他元素组成的镁合金，同样具有密度小、比强度高、弹性模量大、导热性和消震性好、电磁屏蔽性能强、生物兼容性佳、易于回收等突出优点，被美誉为"21世纪绿色结构材料"，也被很多行业专家称为未来金属界的明星材料之一。

在当今世界能源与环境问题日益突出的严峻形势下，镁合金在汽车工业、电子通信业和航空航天工业等领域正得到日益广泛的应用（图2-1）。我国是世界上镁矿资源最丰富的国家之一，可利用的镁矿资源产量约占世界总储量的70%，因而在发展镁材料产业上有显著的资源优势。

（a）轻型导弹壳；（b）座椅框架；（c）汽车轮毂；（d）笔记本外壳；
（e）牺牲阳极材料；（f）医用镁合金缝合线
图2-1 镁合金的应用示例

金属镁的密度为1.738 g/cm^3，镁合金的密度也仅为1.75~1.90 g/cm^3，约是铝合金的2/3，钢的1/4。镁合金的比强度明显高于铝合金和钢，比刚度与铝合金相当，远远高于工程塑料。在当前汽车工业尤其是新能源汽车行业大步发展的背景下，用镁合金做结构件可以显著减轻汽车自重，有效降低燃油消耗，提高燃油经济性，同时降低污染排放。镁合金在汽车上最具潜力的应用是整体结构部件，如方向盘、发动机罩、后备行李厢盖、车顶板、车体加强板、内侧车门框架和后部车厢隔板，部分高强耐热镁合金甚至可以用于发动机汽缸体和汽车轮毂。

镁合金与铝合金、钢、铁相比，具有较低的弹性模量，在同样受力条件下，可消耗更多的变形功，具有降噪、减振功能，可承受较大的冲击震动负荷。镁合金的这些特点可以满足航空航天等高科技领域对轻质材料吸噪、减振和防辐射的要求，从而改善飞行器的气体动力学性能，明显减轻结构质量。从20世纪40年代开始，镁合金首先在航空航天部门得到了应用。在国外，B-36型重型轰炸机每架用到4 086 kg镁合金薄板；"德热来奈"飞船的启动火箭"大力神"曾使用了600 kg的变形镁合金；"季斯卡维列尔"卫星中使用了675 kg的变形镁合金；直径约1米的"维热尔"火箭壳体也是用镁合金挤压管材制造的。我国制造的歼击机、轰炸机、直升机、运输机、民用机、机载雷达、地空导弹、运载火箭、人造卫星、飞船上也均选用了镁合金构件。

镁合金具有良好的导热和导电性能，虽然镁合金的导热能力不及铝合金，但远高于塑料、树脂，同时镁合金具有良好的电磁屏蔽性能，非常适合用于制造电子产品的金属外壳、机罩。一些电子通信知名品牌企业已经成功将镁合金用于制造个人便携式电脑、手机、摄影器材等电子产品外壳。在2003年全球出货的3 000万台笔记本电脑中，采用铝和塑胶机壳的比重达75%，使用镁合金的比重仅25%，但2004年笔记本电脑采用镁合金机壳的比重就提高到了50%以上。

虽然镁合金拥有众多吸引人的性能优势，但由于其自身固有的一些性能缺点，以及当前的技术制约，使其仍然难以进行广泛的推广利用。材料界的泰斗师昌绪院士就曾指出镁合金的发展目前还存在三大瓶颈，即缺乏有效析出相、易腐蚀和难变形。这三大问题也是发展新型高性能镁合金面临的主要障碍。

镁的晶体结构为密排六方（hcp）结构，常温下滑移系少，导致其常温塑性差，塑性变形加工困难，成材率低。镁合金的弹性模量较低，室温强度不高，高温条件下（150℃以上）抗蠕变能力也较差。目前，绝大多数商用铸造镁合金的强度不到300 MPa，变形镁合金的强度也不到400 MPa，远远低于超高强度铝合金的700 MPa。此外，全世界镁合金的牌号仍较少，相对于铝合金的300多种牌号，镁合金的选择太少，阻碍其进一步推广应用。

镁及镁合金应用大部分（70%以上）都是采用铸件或压铸件的形式，只有少量是以压力加工方法制成厚/薄板、棒材、型材、锻件和模锻件应用的。变形镁合金性能优良、产品适用面广，具有比压铸镁合金更大的发展空间及市场潜力，但在成形技术及应用技术等方面尚存在技术瓶颈，制约了变形材料推广应用和产业化进程。

当前，镁及其合金在医用领域应用获得极大突破，被誉为"革命性的医用金属材料"，因优异的综合力学性能，被认为是最佳的人造骨骼材料：① 镁合金是具有人体骨骼生物力学相容性的金属材料，镁合金密度约为1.7 g/cm^3，人体骨骼密度约为1.75 g/cm^3；同时镁合金释放出的镁离子还可促进骨细胞的增殖及分化，促进骨骼的生长和愈合。② 镁合金更易加工，具有灭菌效果，同时价格低廉、工艺成熟。③ 镁合金可随着患者的不断痊愈，在人体内逐渐自动降解，患者不需进行二次手术来取出镁合金钉子。此外，镁合金还可作为心血管支架材料，在血管壁内的镁合金支架可缓慢腐蚀，直至完全降解。镁合金医用材料潜力巨大。

镁及镁合金在应用领域的突破有赖于技术的进步，包括基础微观结构和耐久性能的研究和改进。最为突出的成果在于近年来研究发现，长周期堆垛（LPSO）这一特殊微结构可使镁合金获得超高强度，甚至明显高出传统的高强铝合金（微结构示意如图2-2所示），而改善镁合金的耐腐蚀性是提高镁合金材料耐久性能的关键，目前主要有两种技术方式：一种是通过合金化和纯净化处理来提高镁合金基体本身的电极电位，或者形成表面自愈合防护膜，增强自身对环境腐蚀的抵抗能力；另一种是通过表面防护处理，形成表面保护膜而防止基体的腐蚀。由于前者受到镁自身化学特性的限制，未取得应用上的突破性进展，故目前国内外多致力于表面防护技术的研究开发，在目前广泛使用的微弧氧化表面处理技术基础上开拓了一些新的表面处理技术，并取得了较好的成果。

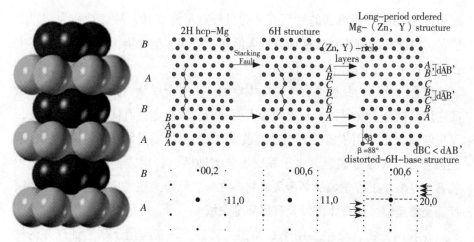

图2-2 2H型和长周期6H型纯镁及Mg-Zn-Y合金中长周期有序堆垛原子模型示意

因此，大力发展镁合金的应用，必须以加快镁合金的基础研究为前提。加强对镁合金强韧化机理及塑性变形机制的基础理论研究，从根本上认识镁合金的强化及塑性变形机理，同时必须加强对镁合金腐蚀机理和失效机制的研究。在此基础上创造有利于镁合金变形的应力应变条件，开发新型高性能镁合金体系，通过先进变形镁合金加工工艺，生产制备出具有高强、耐热、耐蚀以及良好变形性能的优质镁合金。

2. 带你认识什么是钛合金

钛元素是继铝、铁、镁之后丰富度列第四位的结构金属，占地壳总质量的0.56%。人类对钛的了解一开始就举步维艰，1791年，英格兰康沃尔郡的Gregor牧师首先发现了一种新的未知元素存在于黑色磁铁砂（钛铁矿）中，四年后德国化学家Klaproth分析并鉴别出这种未知元素的氧化物，并根据希腊神话将曾统治世界的古老神族的名字Titans赋予这个新元素——钛（Ti）。

从钛矿中提纯钛金属从来就不是一件容易的事，人们用四氯化钛（$TiCl_4$）作为一个中间步骤做了许多尝试。实践证明，由于钛与氧和氮反应较为剧烈，很难生产出具有延展性的高纯钛。进入20世纪，卢森堡科学家Kroll研发出一种具有商业开发前景的钛生产工艺，该工艺利用镁在惰性气气中还原TiCl$_4$，所得到的钛具有多孔且外观呈海绵状，故而被称为"海绵钛"，由此钛的真面目才逐渐被世人所知。Kroll法至今仍保持不变，且牢牢占据着钛生产工艺的主导地位。

钛合金被认为是极适合于翱翔太空的"太空金属"，其在航空航天领域的应用是钛合金材料技术发展的最大驱动力。钛合金具有优越的结构强度，飞机制造中主要用于机身和引擎，波音777的机身质量约10%为钛。钛合金也被誉为"海洋金属"，由于其突出的耐蚀性，特别适合做轻型海洋工程装备，是海洋工程领域的新型关键材料之一。钛合金还被广泛应用于生物医疗、交通运输、体育休闲以及日用品等领域。

在我国，钛合金主要用于石油化工装备上。在应用于高酸油气井的钛合金管的研究中，已经突破了高强度钛合金二次局部成型工艺及焊接工艺，成功开发出钛合金钻杆产品，可适用于超深高含硫油气井钻探开发。晋城煤业集团最早使用了73 mm的钛合金无磁钻杆，实验总进尺1 000余米；随后天津钢管集团采用洛阳725研究所的钛合金油管加工了一口井油管，成功用于四川元坝的油气井中，目前已生产出177 mm以上的大规模长定尺钛合金套管产品。

钛合金一直以来也是舰船装备使用的首选材料，可大幅度降低舰船装备的结构质量，实现高机动性，保障海洋装备的高可靠性和安全性，实现同寿命服役，极大降低舰船装备的维护时间和成本，保障装备战斗力。2015年，我国在舰船上使用的钛合金材料已达到3 000吨。在海洋相关的海水淡化装置上，我国也在大力发展钛合金应用，预计未来5~10年新增海水淡化装置所需的钛合金材料每年将达到1.6万~3.2万吨。国际上领先的大量使用钛合金的舰船比如"阿尔法"级核潜艇整体使用钛合金达3 000吨，"台风"级核潜艇整体使用钛合金达9 000吨（图2-3）。

钛合金在汽车领域也有越来越广泛的应用。大众汽车在其路波（Lipo）FSI型汽车上装备了用低成本β合金Ti–LCB制成的后悬挂弹簧，钛弹簧取代了钢弹簧，钛弹簧的圈数要少于钢弹簧，这是由于钛合金的低弹性模量和高屈服应力相结合的结果，这一改变使该部位的质量减轻了约40%。一辆轻质且安全可靠的汽车就这样诞生了。

钛合金的低成本生产一直都是各国钛合金研究者和生产厂家追求的目

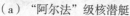

（a）"阿尔法"级核潜艇　　　　　　（b）"台风"级核潜艇

图2-3　大量使用钛合金的核潜艇

标。中国的海绵钛、钛合金加工产量居世界第一，但产能利用率仅在50%左右，如何有效降低钛合金的成本，扩大应用，是目前钛合金研发、生产的一个重要方向。

研究表明，若钛的生产成本降低10%，钛的应用将会扩大30%。进入21世纪以来，钛材料的价格降低了50%以上，在舰船和海洋工程领域其需求量也扩大了4倍。目前钛材的性价比已经具备与铜合金和高档不锈钢竞争的可能性，根据当前钛材的研发趋势，如果钛材的价格再降低30%~40%，钛材的市场需求将会扩大10倍以上。

那么，该如何有效地降低钛合金的制造成本呢？当前降低钛合金成本的主要途径为成分设计、性能设计与加工设计。成分设计方面，重点考虑使用廉价原材料以及廉价合金；性能设计方面，重点考虑如何改善钛合金加工特性；加工设计方面，重点考虑钛合金加工过程中如何提高能源和材料利用率。具体包括：低成本钛合金的设计、开发，低成本化的熔炼技术，低成本化的锻造回头加工技术等。

3. 铝锂合金：现代飞机新型材料的选择！

"一代材料，一代飞机"，是世界航空发展史的真实写照。航空结构材料通常处于材料领域的最前沿，其技术含量之高和技术难度之大，让它无愧于成为高技术领域的一员。2017年5月5日，我国具有自主知识产权的C919大型客机成功首飞，吸引着国人的目光，这也是我国首次大规模在客机中采用新型铝锂合金材料（图2-4）。

图2-4 C919大型客机机身采用第三代铝锂合金材料

随着我国技术水平的发展、科技的进步，航空航天工业对材料轻量化和综合性能的要求越来越高。众所周知，锂（Li）是自然界最轻的金属。人们发现，在铝合金中每添加1%的锂（Li），可以降低3%的合金密度，提高6%的弹性模量。铝锂合金代替常规铝合金，可以使结构质量减轻10%~20%，刚度提高15%~20%。这让20世纪60年代才开始发展起来的铝锂合金快速成为航空航天工业的"最新法宝"。由于具有密度低、弹性模量高、比强度和比刚度高等特点，铝锂合金一跃成为航空航天工业中最具竞争力的轻质高强结构材料（图2-5）。

图2-5 铝锂合金的七大优势

铝锂合金研制开发的发展主要可以分为三个阶段。

第一阶段为初步探索阶段。1958年，美国Alcoa铝业公司成功开发出2020合金并应用在海军RA-5C军用飞机上，获得了6%的减重效果，铝锂合金一下子引起人们的注意。但是该类合金制造困难、断裂韧性低、缺口敏感性高，使用十年后就停止了生产，铝锂合金的发展也渐渐停止。

第二阶段为快速发展阶段。20世纪60年代，石油危机爆发，迫于对节约能源的紧迫需求，铝锂合金的含锂量（质量分数）添加至2%以上，以获得明显的减重效果。苏联首次大批量将1420铝锂合金用于米格-29、苏-35战斗机和雅克-36舰载机等军机上。美国洛克西德公司利用8090合金铆接制造了大力神有效载荷舱，减轻质量高达182 kg。尽管第二代铝锂合金取得了令人瞩目的研究和应用成果，但仍存在诸如塑韧性及强度水平较低、高各向异性、生产工艺难度大等缺点。

进入20世纪90年代以后，学者们不再追求合金的全面性能，降低了锂含量，开发出一系列具有特殊优势的合金，铝锂合金的发展也因此进入第三阶段。第三代铝锂合金在军用飞机、民用客机和直升机上得到广泛使用，主要用于机身框架、襟翼翼肋、垂直安定面、整流罩、进气道、舱门、油门等部位。

从添加的合金元素方面可以将铝锂合金分为三类：Al-Mg-Li系、Al-Cu-Li系和Al-Li-Cu-Mg系。

（1）Al-Mg-Li系合金

以苏联开发的1420合金为典型代表，我国牌号5A90，是铝锂合金大规模投入商业应用的先驱者。该系合金是铝锂合金中密度最低的一类。δ'（Al_3Li）是其主要的析出强化相，Mg元素起固溶强化作用。该类合金具有中等强度、优异的耐蚀性和出色的焊接性，也是目前我国应用最为广泛和成熟的铝锂合金。

（2）Al-Cu-Li系合金

为了追求高强度，Al-Cu-Li系合金以Cu和Li为主要合金元素，Cu元素的加入可以使合金具有明显的时效强化作用。主要代表有美国Alcoa公司研制的2090、2097合金以及苏联开发的1450、1460合金。但是该类铝锂合金具有较低的塑性和断裂韧性，并且各向异性严重，导致其难以经济有效地应用于航空航天领域零部件中。

（3）Al-Li-Cu-Mg系合金

第三代铝锂合金和部分第二代铝锂合金都属于该类合金。该类合金以Cu和Li元素为主，Mg元素为辅，并添加Ag、Mn、Zn等合金化元素。这些合金化元素在改善合金塑性、热变形性、抗腐蚀性、焊接性等方面起到了一定的作用。因此该类合金主要具有高强、高韧、抗应力腐蚀、可焊、低各向异性等特性。虽然密度较Al-Mg-Li系合金高，但相比于传统铝合金仍然有较为突出的综合优势。代表性的有第二代8090、2297合金，第三代2099、2198合金等。

作为航空航天重要的结构材料，铝锂合金受到全世界的广泛关注。铝锂合金在铸造、轧制等方面的技术逐渐成熟，在先进加工制造技术上也取得了一定的成就，如剪切技术、旋压技术、辊锻成型、大塑性成型技术等方面不断创新（图2-6）。其中美、俄等国有关铝锂合金轧制、挤压、锻造生产技术已经达到生产制造普通常规铝合金的水平。然而，由于材料自身性能限制，塑性和断裂韧性低，室温成形能力较困难，严重阻碍了其大规模商业化应用的脚步。

图2-6　铝锂合金的剪切、旋压和激光焊接

我国目前也已掌握了航空铝锂合金的熔炼技术，如铝锂合金大扁锭与圆锭的铸造技术等，并成功将铝锂合金在C919大型客机计划、"天宫一号"资源舱等项目上进行了应用，但针对铝锂合金的基础研究仍然较弱，主要依靠国外供应商，得不到成型、热处理工艺等关键技术的支持，离大规模工业化生产应用还有一定距离。

据统计，未来几十年我国的飞机可能需要上万架次，这还不包括参加国际竞争，如果国产铝锂合金方面还不能独当一面，那么将会是一个非常大的损失。因此，我国应加大研发力度，开发和研制新型超低密度、高强高韧、高损伤容限铝锂合金，形成具有自主创新知识产权的合金体系，满足我国航空航天领域对新型铝锂合金的迫切需求。

4. 硬质合金到底有多硬？

看到硬质合金这个名称，有没有给你一种特别硬的印象呢？答案是肯定的。这对于机械工厂里从事切削加工工作的人来说，应该都很清楚。硬质合金可以达到洛氏硬度HRA90左右，这样的硬度是不可以加工的，因此只能以切削的方式存在。所以，硬质合金既有材料方面的硬质合金标准，也有切削工具方面的硬质合金标准。

那么，硬质合金到底是一种什么样的合金呢？硬质合金是以一种或几种难熔碳化物（碳化钨、碳化钛等）的粉末为主要成分，加入作为黏结剂的金属粉末（钴、镍等），经粉末冶金法而制得的合金。它主要用于制造高速切削刃具和硬、韧材料切削刃具，以及制作冷作模具、量具和不受冲击、振动的高耐磨零件（图2-7）。

图2-7　硬质合金制品

硬质合金最初由德国科学家创造，1923年，德国的施勒特尔往碳化钨粉末中加进10%～20%的钴做黏结剂，发明了碳化钨和钴的新合金，硬度仅次于金刚石，这是世界上人工制成的第一种硬质合金。但用这种合金制成的刀具切削钢材时，刀刃会很快磨损，甚至刃口崩裂。1929年，美国科学家在原有成分中加进了一定量的碳化钨和碳化钛的复式碳化物，大大改善了刀具切削钢材的性能。1969年，瑞典科学家研制成功了碳化钛涂层刀具，标志着涂层硬质合金正式问世。碳化钛涂层刀具的基体是钨钛钴硬质合金或钨钴硬质合金，表面涂有几微米厚的碳化钛涂层，使得刀具的使用寿命延长了3倍，切削速度提高25%～50%。

日常用的硬质合金按成分和性能特点主要分为钨钴类、钨钛钴类、钨钛钽（铌）类等三类，生产中应用最广泛的是钨钴类和钨钛钴类硬质合金。其中，钨钴类硬质合金主要成分是碳化钨和钴，牌号用代号YG，后加钴含量的百分数值表示。如YG6表示钴含量为6%的钨钴类硬质合金，碳化钨含量为94%。钨钛钴类硬质合金主要成分是碳化钨、碳化钛及钴，牌号用代号YT，后加碳化钛含量的百分数值表示。如YT15表示碳化钛含量15%的钨钛钴类硬质合金。钨钛钽（铌）类硬质合金又称通用硬质合金或万能硬质合金，主要成分是碳化钨、碳化钛、碳化钽或碳化铌和钴组成，牌号用代号YW后加序数表示。

硬质合金具有很高的硬度、强度、耐磨性和耐腐蚀性，被誉为"工业牙齿"，可用来制作凿岩工具、采掘工具、钻探工具、测量量具、耐磨零件、金属磨具、汽缸衬里、精密轴承、喷嘴、五金模具（如拉丝模具、螺栓模具、螺母模具以及各种紧固件模具，硬质合金的优良性能逐步替代了以前的钢铁模具），广泛应用于军工、航天航空、机械加工、冶金、石油钻井、矿山工具、电子通信、建筑等领域，伴随下游产业的发展，硬质合金市场需求不断加大。

我国硬质合金起步虽晚，但发展迅速。目前，硬质合金模具基本上已经系列化和规范化。从近几年发展状况来看，我国硬质合金模具的研讨和设计的理论已更深化也更科学，应用也更普遍。未来，随着高新技术武器装备制造、尖端科学技术的进步以及核能源的快速发展，将大力提高对高技术含量和高质量稳定性的硬质合金产品的需求。

5. 高温合金：现代航空工业的动力心脏！

高温合金是指能够在600 ℃以上温度条件下工作，具有优异的高温强度、良好的抗氧化和抗热腐蚀性能、良好的疲劳性能、断裂韧性等综合性能的金属材料。高温合金的材料特征使其成为航空发动机和能源领域燃气轮机中不可替代的关键材料（图2-8），素有"烈火中的勇士"之美誉。目前，已研制的航空发动机中，高温合金材料已经占到发动机所用材质的一半，随着航空航天工业的不断发展，对材料在高温条件下的性能要求越来越高。因此，高温合金材料也被誉为"先进发动机的基石"。

图2-8　高温合金的应用

高温合金所具有的耐高温、耐腐蚀等性能主要取决于它的化学组成和组织结构。传统上，高温合金材料可以根据基体元素种类进行划分，主要有以下三种：

（1）铁基高温合金

铁基高温合金又可称作耐热合金钢。其成分以铁（Fe）元素为主，加入少量的镍（Ni）、铬（Cr）等合金元素，一般用于600~800 ℃高温。

（2）钴基高温合金

钴基高温合金是以钴（Co）为基体，钴含量大约占60%，同时需要加入Cr、Ni 等元素来提升合金的耐热性能。通常用于730~1 100 ℃高温条件和较长时间受极限复杂应力高温零部件，例如航空发动机的工作叶片、涡轮盘、燃烧室热端部件和航天发动机等。虽然这种高温合金耐热性能较好，但由于各个国家钴资源产量比较少，加工比较困难，因此用量不多。

（3）镍基高温合金

合金中的镍含量在一半以上，在650~1 000℃范围内具有较高的强度和良好的抗氧化、抗燃气腐蚀能力。例如GH128合金，室温拉伸强度为850 MPa、屈服强度为350 MPa；1 000 ℃拉伸强度为140 MPa，延伸率为

85%；1 000 ℃、30 MPa应力的持久寿命为200小时、延伸率40%。在高温环境使用的高温合金领域，使用镍基高温合金的范围远远超过铁基和钴基高温合金。我国于20世纪50年代中期研制出镍基合金，目前已经成为产量最大、用量最大的一种高温合金，广泛地用于航空发动机的工作叶片、燃烧室和涡轮盘等部件中，使用比重达到55%~65%。

自20世纪90年代中期起，国内在高温合金新材料的开发上取得了长足的进步，有关单位已经开发和开始应用一批新工艺，研制和生产了一系列高性能、高档次的新型高温合金材料。比如单晶高温合金叶片（DD402、DD406）已经达到第二代，第三代产品也在开发；粉末高温合金涡轮盘材料（FGH95、FGH97）也形成了批量供货能力；氧化物弥散强化ODS高温合金和钛铝等金属间化合物高温合金材料从无到有。

总体来看，我们认为国内高温合金的发展基本和国内航空航天发动机的发展水平相一致。因此，未来随着国内新军机、新舰艇的逐步入列和成军，以及国产发动机逐步走向前台，国产高档高温合金材料的发展正迎来重要的机遇和转折点。

6. 铪金属：稀有金属材料中的"哈将军"！

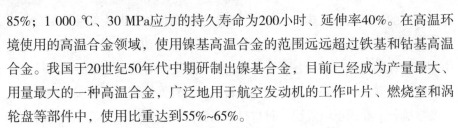

在自然界中，稀有金属锆和铪形影不离，都是核反应堆必不可少的原材料，故有核反应堆的"哼哈"二将之称。说起金属锆，大家肯定都不陌生，在元素周期表中属ⅣB族元素，元素符号为Zr，原子序数40，其具有良好的耐腐蚀性能、极低的热中子吸收截面以及较高的熔点，可广泛应用于化工、陶瓷、冶金、核工业等领域。但说起金属铪，大部分人肯定会觉得非常陌生，甚至连这个字怎么读，都比较模糊（音同"哈"）。其实，铪也是一种稀有金属，跟锆同属ⅣB族元素，原子序数为72，由于最外层电子与锆的排列次序相同，离子半径接近，使其性质近似于锆，进而导致这两种金属较难分离。下面我们就为大家揭开号称稀有金属中的"哈将军"——金属铪的神秘面纱。

锆是在1789年分析锆英石时发现的，而铪的发现较之晚了100多年，于1922年才被发现。自铪被发现了以后，人们一直在研究锆铪的分离工艺，因铪和锆的电子结构和物理化学性质相似，两者常常成对出现在矿物中，在自然界中共生共存，分离非常困难。美国是最早研究锆铪分离的国家，1925年，德·布尔与范·阿克尔发表了提纯铪和制造延性铪的方法，即碘化法制备铪。1951年，因美国军事工业发展的需要，使得铪工业逐步得到发展，以氧化铪为原料，经过氯化得到四氯化铪，再用镁还原法制得海绵铪，最终将海绵铪经过真空电弧熔炼或碘化法处理得到结晶铪（图2-9），又叫高纯铪，铪元素含量达99.9%以上。

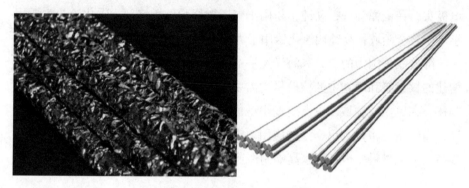

图2-9　结晶铪和金属铪棒

铪存在于锆的矿物中，是一种银白色金属，粉末呈黑色，密度为13.09 g/cm³，沸点为5 400 ℃，熔点为2 222 ℃，具有突出的核性能，因其热中子截面可达105 b，且经长期辐照后没有明显下降，加之良好的热水腐蚀抗力和机械性能，是一种理想的核反应堆燃料控制棒材料。可用于动力堆和小型堆，使用寿命长，安全系数高。由于控制棒工作过程中的强辐照、高温高压水环境及特殊的驱动机制，对铪材的化学成分、力学性能及加工性能提出了相应的要求，尤其对气体元素和有害杂质含量作了严格限制，只有结晶铪才能满足这些指标。第一次利用铪作为控制棒的是美国爱达荷州阿尔可海军原子能反应堆试验基地的诺梯勒斯号原型反应堆工厂的堆芯，第二次利用铪控制棒的核反应堆芯是在诺梯勒斯潜水艇上。目前，全球具备结晶铪生产技术和量产能力的主要企业有美国华昌、法国赛佐斯和中国佑天，整体市场环境处于供不应求状态。

在应用方面，铪材料可用于航空航天、半导体镀膜等多个领域。其中，在航空航天领域，将添加1.25%铪的铸造型镍基高温单晶合金用作飞机发动机的涡轮叶片，可提升发动机的功率、推力及寿命。添加10%铪的铌基合金（C-103），因具有良好的塑性加工性能、焊接性能及耐高温性能，可用作火箭发动机的喷嘴；高纯铪粉则可用作火箭燃烧剂。在半导体镀膜领域，高纯铪用于制作64位以上（12 nm以下）CPU芯片的半导体电子隔栅，成品铪靶对纯度、晶粒度、表面粗糙度、平整度以及公差范围要求高，锆含量＜0.5%；在光学镀膜领域，随着激光在工业中的大量应用，高纯铪被大量用作光学组件增透膜镀膜靶材。在等离子切割领域，铪丝用于制作等离子切割电极头；在枪弹领域，高纯铪粉用于穿甲燃烧弹的燃烧剂；碳化铪粉主要用于硬质合金领域；高纯四氯化铪用于大功率LED领域等。

随着我国国力的提升和海洋经济的发展，建设强大的海军已提上日程，增建的核潜艇和规划中的核航母均需要大量的铪材作为动力反应堆的燃料控制棒。在民用核领域，重点研发小型模块化商业堆和高温气冷堆以突出安全性，高纯铪也将得到更广泛的应用。未来，金属铪将是国家发展战略型武器装备的关键材料，也是国家高端制造业发展过程中不可或缺的关键性材料！

7. 你知道磁铁，那你了解磁性材料吗?

磁铁大家很熟悉，但是磁性材料，估计你就不是那么清楚了，其实我们常说的磁铁就是磁性材料的一种。磁性是物质的最基本的属性之一，早在3 000年以前就被人们所认识和应用。通常所说的磁性材料是指强磁性物质，是古老而用途十分广泛的功能材料，例如中国古代用天然磁铁作为指南针，现代磁性材料已经广泛地用于我们的生活之中，例如将永磁材料用作电机、应用于变压器中的铁心材料、作为存储器使用的磁光盘、计算机用磁记录软盘等（图2-10）。通常所说的，磁性材料主要是指由过渡元素铁、钴、

图2-10　物质的磁性

镍及其合金等能够直接或间接产生磁性的物质。

我们把顺磁性物质和抗磁性物质称为弱磁性物质，把铁磁性物质称为强磁性物质。通常所说的磁性材料是指强磁性物质。目前，磁性材料主要分为永磁材料和软磁体，永磁材料的磁性能够永久保存，主要包含以钕铁硼为代表的合金永磁材料和铁氧体永磁材料。软磁体的磁性可以通过外部作用被磁化，但磁性也容易消失。

磁性材料作为一种重要的功能材料，广泛应用于国民经济的各个领域，主要分为软磁材料、永磁材料、矩磁材料、旋磁材料、压磁材料等五大类。

其中，永磁材料是指经外磁场磁化以后，仍能具有原有磁性的材料。相对于软磁材料而言，亦称为硬磁材料，主要有合金、铁氧体和金属间化合物三类。软磁材料的功能主要是导磁、电磁能量的转换与传输。因此要求有较高的磁导率和磁感应强度，铁粉芯就是一种具有代表性的软磁材料。矩磁材料主要用作信息记录、无接点开关、逻辑操作和信息放大，特点是磁滞回线呈矩形。旋磁材料具有独特的微波磁性，如磁导率的张量特性、法拉第旋转、共振吸收、场移、相移、双折射和自旋波等效应。压磁材料这类材料的特点是在外加磁场作用下会发生机械形变，又称磁致伸缩材料，它的功能是作磁声或磁力能量的转换，常用于超声波发生器的振动头、通信机的机械滤波器和电脉冲信号延迟线等。

在应用领域，应用最多和应用范围最广的是永磁材料和软磁材料。其中，常见的永磁材料有铝镍钴合金、铁氧体永磁材料和稀土永磁材料。铝镍钴主要应用在电子点火系统、电能表、伏特表、医疗仪器、工业电机等领域。铁氧体永磁材料因成本低廉，应用从电机、扬声器到玩具、工艺品，是目前应用最广的永磁材料。而稀土永磁材料具有矫顽力高、磁能积大、可逆磁导率等优点，直接导致了重量轻、体积小的永磁同步电机问世，扩大了永磁同步电机的应用范围。软磁材料广泛应用于制造电磁铁芯、极靴、继电器和扬声器磁导体、磁屏蔽罩、电机、变压器、电感元件等。其中，非晶态软磁合金是一种无长程有序、无晶粒合金，又称金属玻璃，或称非晶金属。其磁导率和电阻率高，矫顽力小，对应力不敏感，不存在由晶体结构引起的磁晶各向异性，具有耐蚀和高强度等特点，是一种正在开

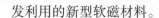

发利用的新型软磁材料。

随着世界经济和科学技术的迅猛发展，磁性材料的需求将空前广阔。磁性材料在电子、计算机、信息通信、医疗、航空航天、汽车、风电、环保节能等传统和新兴领域中都将发挥着重要的作用，已成为促进高新技术发展和当代经济进步不可替代的材料。当前，我国已经成为世界磁性材料产业的中心，是世界上永磁材料生产量最大的国家。在未来一段时间内，国内磁性材料企业发展的关键仍然是进一步加快产业升级，提升产品结构，从而使产品附加值进一步提高。随着全球经济的进一步转暖，磁性材料在节能电机、液晶电视、4G、风电、数码产品、物联网和新能源汽车等新兴领域的应用中将有快速增长。

8. 你知道什么是电子浆料吗?

电子浆料是电子信息领域的关键功能材料，但作为一种中间材料，生活中很难直接看到它。到底什么是电子浆料呢? 电子浆料是一种由金属粉/碳粉、玻璃粉和有机溶剂经过三辊轧制混合均匀的膏状物（图2-11）。浆料通过丝网印刷、流平、烘干、烧结等工艺在基片上固化形成几微米到数十微米厚的膜层，从而实现电导体、绝缘体以及电介质等功能。从光伏、显示屏到各样的电路，都要用到电子浆料。电子浆料是电子信息产业不可或缺的重要材料。

图2-11　电子浆料工艺流程简图

电子浆料的类别有很多，根据用途不同，可分为电阻浆料、导体浆料、介质浆料、绝缘浆料和包封浆料。按导电相的资源稀有程度，可分为贵金属和贱金属电子浆料，代表性的贵金属电子浆料包括钯-银电子浆料和钌系电子浆料；代表性的贱金属电子浆料包括二硅化钼电阻浆料。按热处理条件，可分为低温（100~300℃）、中温（300~1 000℃）及高温（＞1 000℃）烧结浆料，其中低温浆料又可称为导电胶。

根据基片的不同，电子浆料还可以分为陶瓷基片、聚合物基片、玻璃基片和复合基片电子浆料等。陶瓷基片电子浆料应用最为普遍，其中 Al_2O_3 陶瓷基片电阻浆料发展最早、技术成熟、用量最大；AlN 基片等新型陶瓷基片电子浆料符合厚膜电路大功率化的发展要求，应用领域不断拓展，在陶瓷基片电子浆料中占的比例越来越大。聚合物基片、玻璃基片和复合基片电子浆料的代表分别为聚酯及聚酰亚胺基片、钠钙视窗玻璃基片和被釉金属绝缘基片电子浆料，均是随着厚膜电路应用领域不断拓宽而发展起来的新型电子浆料，分别在低、中、高温下烧成，因其各自的专业性和不可替代性，市场份额日益扩大。

全球电子浆料生产商主要集中在美、日、欧等发达国家，美国拥有杜邦、通用电气、ESL、Germalley、Eerro、EMCA、Englehard、Heraeus、IBM 等多个知名企业，其中杜邦是全球最大的电子浆料生产公司；欧洲生产销售电子浆料的知名企业有德古萨、菲利浦等，德古萨产品种类丰富、除生产厚膜电路浆料、MLCC 电极浆料外，还生产太阳能电池浆料及汽车驱雾窗浆料等多种产品。日本是电子浆料生产大国，著名的浆料公司有住友金属、昭荣化学、京都 ELEX、富士化研、田中贵金属所、村田制作所、福田金属、三菱金属、日立化学、东芝化学、太阳诱电等多家。

自 20 世纪 80 年代后期开始，我国电子浆料产业发展迅速，其中以贵研铂业和西安宏星成绩显著，其后以帝科电子、利德浆料等为代表的龙头企业也逐渐发展壮大。贵研铂业的主体昆明贵金属研究所，是世界三大知名贵金属研究所之一，产品覆盖银、钌、金、铂、铝、镍等电子浆料，是国内生产电子浆料种类最多的企业。西安宏星是国内最早生产电子浆料的企业之一，产品包括银、钯、铂等多系列导体浆料、电阻浆料、介质浆料、有机浆料，在厚膜集成电路、片式电阻、片式电感、LTCC、MLCC、汽车玻璃、太阳能光伏、加热器等领域广泛应用。总体来说，当前我国电子浆料的应用上主要以银浆、铝银浆等导体浆料为主，钯、铂、钌、钨、钼浆料等电子浆料技术突破较快，产业化有待进一步推进。

　　在高速发展的现代信息社会，电子浆料是不可或缺的关键材料，其各项性能远远优异于电阻丝、电热管等传统电路器材。研究开发高性能、低成本、绿色环保的复合型电子浆料已逐渐成为电子浆料产业发展的必然趋势，我们有理由相信未来的电子浆料会以其高质量、高效益、环保、价廉等优点继续促进电子、航天、航空等领域的快速发展。

第三章

先进石化化工新材料

1. 特种橡胶，"特"在哪里？

提起橡胶你会想到什么，汽车轮胎？雨鞋？不管哪一个，恐怕都很难和"植物的、纯天然"联系起来。不过实际上橡胶最初可真的是"植物的、纯天然"。因为，最初的橡胶是从橡胶树上采集的天然胶乳，经过凝固、干燥，形成富有弹性的固状物，是一种天然高分子化合物。

天然橡胶由于具有良好的回弹性、绝缘性、隔水性和可塑性，是我们日常生活应用最广的材料之一，雨鞋、手套、汽车轮胎、传送带、各种胶管、密封、防震设备等橡胶制品，随处可见。但天然橡胶化学反应能力强，易老化，经不起高温和日晒。这时，合成橡胶就得到了全面发展，异戊橡胶、丁苯橡胶、顺丁橡胶、氯丁橡胶等应运而生。合成橡胶产量大、稳定，不受橡胶树的影响，其性能与天然橡胶相比各有千秋，应用也非常广泛。

但是某些应用场合下，如超高温或超低温、强侵蚀环境、强辐射等，天然橡胶和上面说的这些合成橡胶仍不能满足要求，此时，特种橡胶就出手了。那么，特种橡胶"特"在哪里呢？特种橡胶（图3-1）是指具有耐高温、耐油、耐臭氧、耐老化和高气密性等特点，并应用于特殊场合的橡胶。常用的有丁腈橡胶、丁基橡胶、各种氟橡胶、硅橡胶、聚硫橡胶、氯醇橡胶、聚丙烯酸酯橡胶等。

图3-1 特种橡胶制品

（1）丁腈橡胶

由丁二烯和丙烯腈经乳液聚合法制得，耐油性极好，耐磨性较高，耐热性较好，粘结力强。缺点是耐低温性差，耐臭氧性差，电性能低劣，弹性稍低。丁腈橡胶主要用于制造耐油橡胶制品。在汽车中，广泛用于制作骨架油封、O形圈、耐油胶管及各种耐油垫片。

（2）丁基橡胶

由异丁烯和少量异戊二烯共聚而成，透气率低，气密性优异，耐热、耐臭氧、耐老化性能良好，其化学稳定性、电绝缘性也很好。缺点是硫化速度慢，弹性、强度、黏着性较差，多用于制造各种车辆内胎，用于制造电线和电缆包皮、耐热传送带、蒸汽胶管等。

（3）氟橡胶

氟橡胶用氟原子取代高分子主链或侧链碳原子上的氢原子。氟原子的引入赋予橡胶优异的耐热性、抗氧化性、耐油性、耐腐蚀性和耐大气老化性。使用温度-30～280℃，可应用于汽车、航空、化工等密封材料乃至介质材料及绝缘材料，包括制造燃料软管、加油管、燃料泵及喷射装置密封件、阀杆密封、动力活塞密封、曲轴油封、万向节垫片、各种O形环、空调压缩机密封等。

（4）硅橡胶

氟橡胶引入了部分氟原子，获得了优异的性能。硅橡胶则更进一步，采用由硅原子和氧原子交替构成的主链。硅橡胶无毒无味，不怕高温和严寒，其硅原子上通常连有两个有机基团，在300℃和-90℃时仍不失原有的强度和弹性，具有优异的耐气候性、电绝缘性和高透气性。无毒无味使其在食品工业及医疗行业大显身手，优异的耐高低温、电绝缘性特别适用于航空工业、电气工业等。

2. 工程塑料"五虎将"，你知道几个？

提起塑料，应该每个人都不陌生，从儿童玩具到仪器容器，从电脑外壳到汽车部件，从牙刷牙缸到飞机零件，塑料制品在我们的生活中随处可见（图3-2）。但是很少有人知道，究竟什么样的材料才叫工程塑料？工程塑料都有哪些品种？

工程塑料（engineering plastics）是一类在较宽的温度范围内承受机械压力，在较为苛刻的化学和物理环境下使用的结构材料，是强度、韧性、耐热性、硬度以及抗老化性能均衡的高性能高分子材料。近年来，工程塑料在材

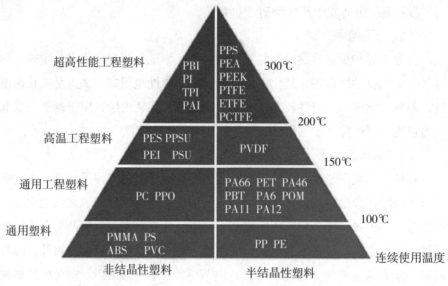

图3-2 塑料金字塔

料领域起着越来越重要的作用，其应用范围包括汽车、航空、家电、医疗、体育、电子、建筑等（图3-3）。其中，聚酰胺（PA）、聚碳酸酯（PC）、聚甲醛（POM）、聚苯醚（PPO）、聚酯（PBT/PET）作为五大通用工程塑料，常被称为工程塑料"五虎将"。

图3-3 常见的工程塑料制品

聚酰胺（polyamide，简称PA）俗称尼龙，是大分子主链重复单元中含有酰胺基团（—CO—NH—）的高聚物总称。通常可由内酰胺开环聚合或由二元胺与二元酸缩聚制得，是目前工业中应用广泛的一种工程塑料。聚酰胺最初由美国DuPont公司开发并用于制造纤维，在20世纪50年代开始取代金属用于开发和生产轻量化、低成本的注塑制品，现已广泛用来代替铜、有色金属制作机械、化工、电器零件，如柴油发动机燃油泵齿轮、水泵、高压密封圈、输油管等。聚酰胺具有良好的综合性能，包括力学性能、耐热性、耐磨损性、耐化学药品性和自润滑性，且摩擦系数低，有一定的阻燃性，易于加工，适于用玻璃纤维和其他填料填充增强改性，提高性能和扩大应用范围。聚酰胺品种繁多，有PA6、PA66、PA11、PA12、PA46、PA610、PA612、PA1010等，以及半芳香族尼龙PA6T和特种尼龙等新品种。

聚碳酸酯（polycarbonate，简称PC）是一种强韧的线型热塑性树脂，是分子链中含有碳酸酯基的高聚物的总称。可由双酚A和氧氯化碳合成，现常使用熔融酯交换法合成，即双酚A和碳酸二苯酯通过酯交换和缩聚反应制得。聚碳酸酯是几乎无色的玻璃态无定形聚合物，光学性能好，其高分子量树脂韧性高，悬臂梁缺口冲击强度可达600~900 J/m，未填充牌号的热变形温度约为130℃。聚碳酸酯的弯曲模量可达2 400 MPa以上，可加工制得大的刚性制品，低于100℃时，在负载下的蠕变率很低。此外，聚碳酸酯具有阻燃性、耐磨性、抗氧化性，耐弱酸、弱碱、中性油，不耐紫外光、不耐强碱。聚碳酸酯主要的性能缺陷是耐水解、稳定性不够高，对缺口敏感，耐有机化学品、耐刮痕性较差，长期暴露于紫外线中会发黄，容易受某些有机溶剂的侵蚀。正是由于聚碳酸酯结构上的特殊性，已成为五大工程塑料中增长速度最快的通用工程塑料。

聚甲醛（polyformaldehyde，简称POM）又名缩醛树脂或聚氧亚甲基，是一种没有侧链、高密度、高结晶性的热塑性高聚物，被誉为"超钢"或"赛钢"。自1959年问世以来，聚甲醛成为继聚酰胺之后又一种综合性能优良的工程塑料，两者性质相似，但聚甲醛比聚酰胺更为坚强，具有高的力学性能，如强度、模量、耐磨性、韧性、耐疲劳性和抗蠕变性，还具有优良的电绝缘性、耐溶剂性和可加工性。聚甲醛通常只在改良后才使用，多数情况下，聚甲醛中需要添加玻璃纤维、阻燃剂，或与其他工程塑料混合使用。聚甲醛以低于其他许多工程塑料的成本，正在替代一些传统上被金属所占领的市场，如替代锌、黄铜、铝和钢制作许多部件，现已广泛应用于电子电气、机械、仪表、日用轻工、汽车、建材、农业等领域。在很多新领域的应用，如医疗技术、运动器械等方面，聚甲醛也表现出较好的增长态势。

聚苯醚（polyphenylene oxide，简称PPO）是20世纪60年代开发的高强度工程塑料，化学名为聚2，6-二甲基-1，4-苯醚，又称为聚亚苯基氧化物或聚苯撑醚。1956年，通用电气A.S.Hay利用氯化亚铜做触媒以氧化偶合方式将2，6-二甲基苯酚制成聚氧二甲苯，但由于制造困难，且抗冲击及耐热能力随时间而降低，市场上通用的主要为改性的聚苯醚（modified polyphenylene oxide，简称MPPO），为PPO与抗冲击性聚苯乙烯（high impact polystyrenes，简称HIPS）共混制得的改性材料。聚苯醚为白色颗粒，综合性能良好，可在120 ℃蒸汽中使用，吸水小，但有应力开裂倾向，改性聚苯醚可消除应力开裂。聚苯醚有突出的电绝缘性和耐水、耐磨性，尺寸稳定性好，其介电性能居"工程塑料之首"。MPPO有较高的耐热性，玻璃化温度211 ℃，熔点268 ℃，加热至330 ℃有分解倾向，PPO的含量越高，其耐热性越好，热变形温度可达190 ℃。阻燃性良好，与HIPS混合后具有中等可燃性。质轻，无毒，可用于食品和药物行业。耐光性差，长时间在阳光下使用会变色。此外，可与ABS、HDPE、PPS、PA、HIPS、玻璃纤维等进行共混改性处理。

聚酯是多元醇和多元酸缩聚得到的聚合物总称。应用最广的主要为聚对苯二甲酸乙二酯（polyethylene terephthalate，简称PET）和聚对苯二甲酸丁二酯（polybutylece terephthalate，简称PBT）等热塑性聚酯，是一类性能优异、用途广泛的工程塑料。PET是对苯二甲酸和乙二醇的缩聚物，为乳白色或浅黄色的高度结晶性聚合物，表面平滑而有光泽。具有较高的成膜性和成性，很好的光学性能和耐候性，玻璃化温度较高，结晶速度慢，模塑、成型周期长，成型收缩率大，尺寸稳定性差，结晶化成型呈脆性，耐热性低等。非晶态的PET塑料具有良好的光学透明性、耐磨耗摩擦性和尺寸稳定性及电绝缘性。PBT与PET分子链结构相似，大部分性质一样，只是分子主链由两个亚甲基变成了4个，故分子更加柔顺，加工性能更加优良。PBT为乳白色半透明到不透明、结晶型聚酯。具有高耐热性、韧性、耐疲劳性，自润滑、低摩擦系数，耐候性、吸水率低，仅为0.1%，在潮湿环境中仍保持各种物性，但体积电阻、介电损耗大。耐热水、碱类、酸类、油类，但易受卤化烃侵蚀，耐水解性差，低温下可迅速结晶，成型性良好。聚酯材料主要应用于化纤、包装、电子器件、机械器件等领域，成为工业中不可小觑的工程塑料。

当前，我国正在逐步从制造大国向制造强国转变，工程塑料研发、生产和应用市场将会日益升温，而且迫于成本压力，市场对材料本土化的呼声也越来越高，这将给国内供应商带来无限的商机和广阔的应用前景，并推动工程塑料行业快速发展。同时，巨大的市场需求也推动着行业不断进步，我国工程塑料行业无论是材料设备、加工成型，还是应用市场开发，都将进入一个高速发展的阶段。

3. 聚氨酯：高分子材料里的变形金刚！

它可以很软、可以很硬，还可以半软半硬。它可以隔音、可以隔热，还能变形。聚氨酯拥有的多样性和灵活性，给材料科学家带来了很多想象和发挥创造的空间。

聚氨酯（polyurethane，简称PUR）类材料是一种近年来逐渐兴起的有机高分子材料，由异氰酸酯的二聚物或三聚物通过与多元醇反应制备而成，是一类分子主链上含有重复氨基甲酸酯结构单元的大分子化合物。根据不同的配方和制备方式，可以制备不同聚氨酯类材料，包括硬质泡沫、软质泡沫、半硬质泡沫、弹性纤维、胶黏剂、涂料、氨纶等。聚氨酯类化合物通常具有耐磨性、可发泡性、耐溶剂性、耐低温性、粘结性、耐生物老化等特点，可广泛应用于建筑、航空、医疗卫生、家电、交通、新能源、环保等众多领域，也是目前高分子材料中种类最多、应用最广的一类有机聚合物材料。

聚氨酯最初由德国化学家研究制成，制成之初就显示出有别于其他塑料和橡胶的优良特性。1944年，热塑性聚氨酯树脂问世，二战末期，聚氨酯纤维开始被用于飞机涂层。1947年，德国拜耳公司和杜邦公司相继研发出用于装甲车履带的聚氨酯黏结剂，以及用于航空工业的硬质聚氨酯泡沫塑料，至此聚氨酯类材料正式进入军工领域。1951年之后，聚氨酯开始商业化生产，改性聚氨酯涂料、泡沫塑料等聚氨酯材料、制品不断增多，应用领域的逐步扩大，聚氨酯类材料迎来了飞速发展的时期（图3-4）。

图3-4　聚氨酯产品

我国于20世纪50年代开始研究聚氨酯工艺，70年代硬质聚氨酯泡沫塑料开始工业化生产，到80年代，从日本、意大利等引进聚氨酯连续发泡技术后，聚氨酯产业才开始飞速发展。2017年，聚氨酯类材料的全球年产量约为900万吨，我国聚氨酯年产能为350万~360万吨，占全球产能的40%，已经成为聚氨酯类材料的主要生产基地。

在材料应用方面，聚氨酯看似是普通的发泡材料，但可以说是目前公认最好的建筑保温材料。聚氨酯具有质量轻、热导率小、耐热性好、耐老化、易黏结、燃烧不产生熔滴等优异性能，尤其是导热系数可达到0.017~0.024 W/（m·K），是目前有机和无机保温材料中导热系数最低的一种材料。可广泛用于建筑物的屋顶、墙体、天花板、地板、门窗等。据有关资料报导，使用1 m³的聚氨酯保温材料，每年能减少CO_2排放量270 kg。按1年消耗100万吨聚氨酯保温材料计算，则1年可减少CO_2排放量700万吨。可见聚氨酯保温材料在建筑节能领域中的推广应用，对改善全球空气质量，起着十分重要的作用。

作为材料界的变形金刚，聚氨酯在汽车中的应用也举足轻重。一辆家用汽车用到的聚氨酯泡沫量就达到15~18 kg，此外，还有很多造型特殊的连接件，以及轻量化要求的结构件等产品，也会用到聚氨酯材料。随着汽车行业迎来新能源、自动驾驶和车联网等巨大变革，车用聚氨酯材料也将迎来更大的发展空间。

4. 高分子涂料你知道多少？

人类从远古以来就在使用涂料，如古埃及人在木乃伊箱上使用油漆，中国的漆器也是名扬世界。涂料旧称油漆，可以用不同的施工工艺将其涂覆在物体表面，形成黏附牢固、具有一定强度、连续的固态薄膜。这样形成的膜通称涂膜，又称漆膜或者涂层。自20世纪以来，由于各种合成树脂获得迅速发展，用其作主要成分配制的涂装材料被更广义地称为"涂料"。高分子涂料与塑料、黏合剂、合成橡胶、合成纤维称为五大合成树脂材料。

高分子涂料在使用前是一种有机高分子溶液、胶体或粉末，使用时再添加或不添加颜料，调制成具有流动性的涂料涂布在所保护物体表面。其原理是，通过高分子涂料的活性官能团的反应进行聚合和交联，也可以是溶剂挥发后聚合物析出或熔融聚合物冷却后在物体表面形成一层薄膜。最后通过低沸点溶剂的流延和挥发或熔融聚合物的冷却形成一层均匀、致密和美观的涂料保护层。

含有挥发性有机物的涂料称为溶剂型涂料。溶剂有利于薄膜的形成，高聚物结合得益于溶剂的蒸发。当溶剂的蒸发速率适当时，形成的薄膜就会平滑且连续。溶剂型涂料的发展历史较为悠久，但由于溶剂型涂料在使用过程中会排放出挥发性有机物（VOC），所以近年来其在涂料工业中的使用量明显减少，但大部分的建筑涂料、工业涂料以及特种涂料等依旧是使用溶剂型涂料。而溶剂型涂料也确实有其他涂料没有的优点：使用成本低，受湿度的影响不大，涂膜中少有滞留空气及爆孔。而目前降低VOC排放的方法一般是通过使用高固体涂料或者通过精调操作来减少溶剂的含量。

水性涂料是用水作溶剂或者作分散介质的涂料。水性涂料主要用于建筑内墙、汽车工业以及轻工业，"水立方"的泡泡吧就采用了零VOC和低VOC水性涂料（图3-5）。该涂料具有无污染、黏合持久、干燥时间更短等特性，并且更容易维护；此外这种涂料还是不可燃材料，具有防火性能。

随着工业的快速发展和大型建设工程的涌现，人们对防腐涂料的应用条件和使用时效要求也越来越高，具有更长防腐保护时限优势的重防腐涂料应运而生。

图3-5　绿色水性涂料应用典范——水立方

港珠澳大桥钢箱梁涂装（图3-6）就采用了重防腐复合涂层体系，总膜厚度达到380μm，底漆为环氧富锌底漆，通过电化学作用，牺牲阳极，保护钢铁底材；中间漆为环氧云铁中间漆，通过屏蔽作用阻水、氧等腐蚀因子侵入漆膜；面漆采用氟碳面漆，提供优异耐候性能的同时，也对腐蚀因子起到阻止作用。

图3-6　重防腐涂料应用典范——港珠澳大桥

其中，氟碳涂料指以氟烯烃和其他单体共聚而合成的高分子聚合物为主要成膜物质的涂料，能在室温固化，得到光泽、硬度、柔韧性理想的透明涂膜。港珠澳大桥的氟碳面漆采用的是四氟乙烯/乙烯基单体的共聚物树脂，树脂中F-C键短，键能高，赋予涂层极佳的耐候性和耐腐蚀性能。四氟乙烯/乙烯基单体共聚物，不含氯元素，符合港珠澳大桥涂装的环保理念。

环氧云铁中间漆以环氧树脂为胶黏剂，云母氧化铁为主要填料。环氧树脂分子结构中所含有的醚键和羟基可以使环氧树脂分子与基体表面产生很强的附着力，涂层固化后，分子中含有稳定的苯环和醚键，分子结构紧密，耐化学介质稳定性好，没有酯基，耐碱性突出。云母氧化铁为类似六角形的片状结晶，厚度仅数微米，直径数10～100μm以上，能有效阻挡外来介质对涂层的渗透，延长介质的渗透时间，有效地进行物理防锈作用。

环氧富锌底漆是以锌粉为填料，环氧树脂为基料，聚酰胺或者胺加成物为固化剂，加以混合溶剂配制而成的高固体分底漆。干膜中锌粉含量最低为65%，最高要大于85%。干膜中锌粉含量高，形成连接紧密的涂层，涂膜受到侵蚀时，锌的电位比钢铁低，作为牺牲阳极，保护钢铁基础。同时，作为牺牲阳极的锌氧化形成的氧化产物对涂膜起到一种封闭作用，更加强了涂膜对基材的保护。环氧富锌复合涂层防腐性能良好，底材处理要求不高，施工容易，价格便宜，附着力强。港珠澳大桥长效防腐涂层具有突出的防腐蚀性能和耐老化性能，可满足在严酷腐蚀环境下对桥梁钢箱梁防腐蚀的保护要求，满足120年的设计寿命要求。

5. 生物可降解材料，让世界真的光鲜亮丽！

"世界从此变得光鲜亮丽，它就像是魔术师，可以满足每一个希望和要求。"1941年，两名英国科学家用诗一般的语言畅想这被五彩斑斓的塑料制品包围着的"未来世界"。如今，塑料的确已经完全改变了我们的生活，从食品包装、生活用品、服装服饰，甚至现代医学都离不了它的身影。但人们也已经渐渐意识到，塑料虽然极大地为人们的生活提供了方便，同时也带来了黑暗的一面，漂泊和堆积在湖泊、海洋和陆地上的成堆的"白色污染"丝毫没有显示出降解的迹象。2002年，日常使用最普遍的塑料袋更是被英国《卫报》评选为"人类最糟糕的发明"。

作为解决"白色污染"最有效的途径，生物可降解材料逐渐引起环境专家、材料学家及更多领域人士的关注。生物可降解材料是指在细菌、真菌、藻类等自然界存在的微生物作用下能发生化学、生物或物理作用而降解或酶解的高分子材料。生物可降解材料可以分为天然高分子可降解材料、微生物合成的可降解材料及人工合成的可降解材料。天然高分子可降解材料是由生物体内提取或自然环境中直接得到的一类大分子，具有良好的生物相容性，但机械性能较差，包括天然蛋白质、多糖及其衍生物和一些生物合成聚酯，如胶原、淀粉、葡聚糖、纤维素等；微生物合成的可降解材料主要为聚羟基脂肪酸酯（PHA），如聚羟基戊酸酯、聚羟基丁酸酯等；人工合成可降解材料大多是分子结构中引入酯基的脂肪族聚酯，如聚乳酸（PLA）、聚丁二酸丁二醇酯（PBS）、聚己内酯（PCL）等（图3-7）。

目前，淀粉基塑料是我们生活中最常见的降解材料，例如一些一次性餐具中使用的就是它。主要是利用植物中的淀粉、纤维素和木质素等，以及利

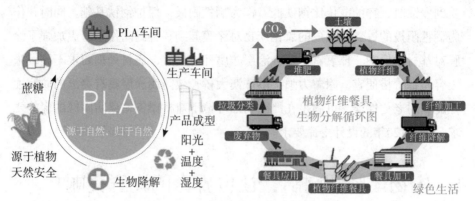

图3-7　生物可降解材料的绿色循环示意

用动物中的壳聚糖、氨基葡聚糖、动物胶，以及海洋生物的藻类等，制备出的生物可降解材料。例如，用玉米和淀粉制成淀粉牙签，能避免大量森林被砍伐，极具市场潜力和竞争力。

聚乳酸（PLA）是另一大最常用的生物降解材料。可能聚乳酸你没听说过，但你一定知道乳酸，剧烈运动后浑身酸痛的感觉每个人都体会过。聚乳酸就是通过将乳酸中的羟基和羧基脱水聚合形成的高分子。聚乳酸在整个生产过程中完全没有污染，性能与许多工程塑料相近，并且对生物体有很高的相容性。因此，PLA除了在传统的包装、汽车工业（车门、轮圈、车座等）、电子工业（光盘、手机壳等）中广泛应用，还能制成人工皮肤、免拆型手术缝合线、药物缓解包装剂、人造骨折内固定材料等。

聚羟基脂肪酸酯（PHA）——这个对大家来说应该是个新名词了。PHA是在微生物体内形成的内聚酯，是一种天然的高分子生物材料。PHA可以坚硬如工程塑料，也可以软如橡胶，强大的多样性使其应用范围更加广泛。近年来，逐渐成为生物功能材料和可降解材料的研究热点。聚丁二酸丁二醇酯（PBS）是20世纪90年代进入材料研究领域的另一类可降解材料，与PHA、PCL等降解塑料相比，PBS具有价格低廉、力学性能优异等特点，可用在垃圾袋、包装袋、化妆品瓶及药物缓释载体基质、生物医用高分子材料等领域。此外，2004年，我国率先以烃和空气中的二氧化碳为原料，研制出二氧化碳聚合物可降解材料，产品外观与聚乙烯塑料极为相似，在土壤中短时间内能完全降解，直接被植物吸收利用。

在环保呼声日益高涨的当下，生物可降解材料具有良好的发展前景，应用领域十分广泛，如包装、纤维、农业、注塑、医用等。根据现有数据统计，预计到2020年，全球生物可降解材料需求总量将达到322万吨左右，年均增长率超过16%。需求的快速增长，表明生物可降解材料产业正呈现出换挡提速的趋势，前景值得期待。

6. 让你三分钟了解什么是光学膜?

光学膜材料是由膜的分层介质构成，通过界面传播光束的一类光学介质材料。利用光学膜可以选择性获取某一或是多个波段范围内光的全部透过或全部反射或是偏振分离等各种形态。

不同的物质对光有不同的反射、吸收、透射性能。传统光学膜就是利用材料对光的这种性能，并根据实际需要制造的，主要分为反射膜、增透膜、滤光膜、光学保护膜、偏振膜、分光膜、位相膜和导电膜等。其中，光学反射膜常用来制造反光、折光和共振腔器件，例如宇航员头盔和面甲表面镀一层反射膜以消减红外线对人体的投射。光学增透膜在各种光学器件、平板显示器、热反射镜、太阳能电池等领域应用广泛，其生产总量超过所有其他光学薄膜。而光学滤光膜用来进行光谱或其他光性分割，其种类多，结构复杂。

一般来说，传统光学薄膜在光学系统中经常起着以下几方面的作用。一是提高光学效率、减少杂光，如增透膜、反射膜；二是实现能量的调整或再分配，如分光膜、偏振膜、位相膜；三是通过波长的选择性透过提高系统信噪比，如窄带及带通滤光膜、长波通、短波通滤光膜；四是实现某些特定功能，如光学保护膜、导电膜等。

液晶显示屏基本上应用到传统光学薄膜的所有功能，可以认为液晶屏的核心技术便是各种光学薄膜的复合，是目前市场上光学膜应用最广泛的领域。一台彩色液晶电视，在其彩色液显面板中，通常必须应用2片偏光片膜，3~4片三醋酸纤维素保护膜，1~2片光学补偿膜，1片具有防反射及抗划伤的表层保护膜，以及背光源组合中的增亮膜、扩散膜、反射膜等特定功能的光学薄膜（图3-8）。尽管各类品牌液晶彩电的结构和尺寸大小有所差异，但大体上来说，这些光学功能性薄膜约占液晶面板材料总成本的30%。由此可见，光学功能性薄膜对平板显示器产业的重要性。

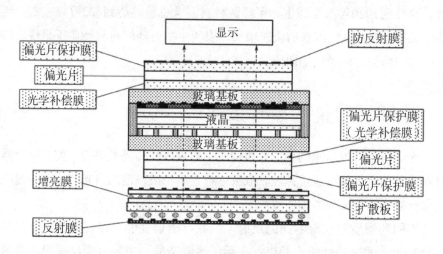

图3-8 液晶显示面板剖面结构

在传统光学膜的基础上，伴随着现代科学技术特别是激光技术和信息光学的发展，对光学薄膜产品的长寿命、高可靠性及高强度的要求越来越高，从而发展了一系列新型光学薄膜，包括激光谐振腔用的光学薄膜、金刚石及类金刚石膜、太阳能选择性吸收膜和光通信用光学膜等。举例来说，激光谐振腔用的光学薄膜是属于紫外—红外波段中某一波长的涂膜，具有高反射率和高效光比以及耐激光损伤特性。金刚石薄膜具有较高的硬度、良好的热传导率、高化学稳定性及红外透光性能，被应用在高精密刀具表面、电子器件散热材料及红外光学器件涂层等。光通信用光学膜用在光通信中，起到改进器件功能、改进光连路的耦合效率等功能。

传统光学薄膜已经广泛地存在于人们的日常生活中，因其优良的性质，给人们的生活带来了便利。新型光学薄膜已经受到人们的广泛重视，对其研究和开发也层出不穷，在各个方面都将有广阔的发展前景，尤其是在平板显示器件中更是不可或缺的重要构件材料。其制造技术涉及光学设计、有机高分子合成、塑料薄膜加工、精密涂布工艺等多种技术领域，进入技术门槛高，行业垄断性十分明显。全球光学功能薄膜领域的核心技术，多为日本、韩国及美国少数企业所掌握。

近年来，我国平板显示产业有了快速发展，但是作为产业链上游的光学功能薄膜的研发和生产，却一直是整个平板显示产业链中的薄弱环节。为了完善我国平板显示产业链，促进该产业的持续健康发展，国家已将光学聚酯薄膜、光学聚乙烯醇薄膜、光学三醋酸纤维素薄膜、扩散膜、透明导电膜、电磁波屏蔽膜、增亮膜等功能性材料列入《战略性新兴产业重点产品和服务指导目录》，我国光学功能薄膜行业正面临快速发展的重要机遇。

7. 光刻胶：制约中国半导体产业发展的关键材料！

在信息化网络中，最重要的两个组成部分是硬件和软件，其中硬件无论是各种计算机还是通信电子装备，其基础都是半导体芯片。随着芯片上电子元件集成度的提高，集成电路性能也随之提高。1965年，Intel公司创始人之一摩尔预测：今后的微电子技术和产业将以"每个芯片上集成的元件数平均每18个月将翻一番"的规律发展，这就是著名的摩尔定律（图3-9）。此后几十年的发展证实了摩尔定律的正确性。

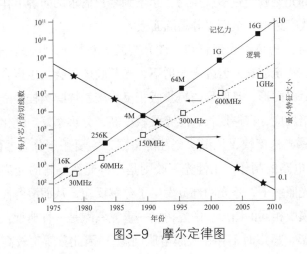

图3-9　摩尔定律图

对于半导体芯片，集成电路的关键尺寸是线宽。目前集成电路（图3-10）的线宽已经发展到了几纳米的水平，光刻和蚀刻是精细线路图形加工中最重要的工艺。首先把光刻胶涂覆半导体、导体和绝缘体上，光刻胶随后透过掩膜被曝光在紫外线下，掩膜上印着预先设计好的电路图案，利用其光化学敏感性，经曝光、显影后留下的部分对底层起保护作用，然后采用蚀刻剂进行蚀刻，就可将所需要的微细图形从掩模版转移到待加工的衬底上。

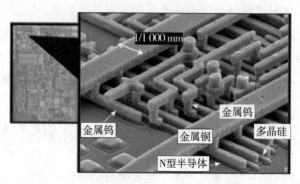

图3-10　集成电路微观结构

光刻胶的主要技术指标有解析度、显影时间、异物数量、附着力、阻抗等。目前，国外阻抗已达到15次方以上，而国内企业只能做到10次方，满足不了客户工艺要求和产品升级的要求；有的工艺虽达标了，但批次稳定性不好。10次方的光刻胶经过多次烘烤，达不到客户需求的防静电作用，难以应用于最新一代窄边框、全面屏等高端面板。

光刻胶可分为负性光刻胶和正性光刻胶。负性光刻胶是一种光致固化的光刻胶，在特定波长的紫外光照射下，光刻胶体系会发生聚合或交联，从而得到固化后的图形，且图形与掩膜版相反。聚乙烯醇肉桂酸酯是典型负性光刻胶，无暗反应，存储期长，感光灵敏度高，分辨率好。环化橡胶-双叠氮系光刻胶感光速度快，抗湿法刻蚀能力强，主要用于分立器件和5μm、2~3μm集成电路的制作。正性光刻胶则是一种光致分解的光刻胶，在特定波长的紫外光照射下，曝光的部分发生了分解反应，从而溶解性增加，显影后得到与掩膜版相同的图形。酚醛树脂—重氮萘醌是一种典型正性光刻胶，用稀碱水显影，显影时不存在胶膜溶胀问题，因此分辨率较高，且抗干法蚀刻性较强，故能满足大规模集成电路及超大规模集成电路的制作。图3-11所示为光刻胶显影及正负胶显影示意。

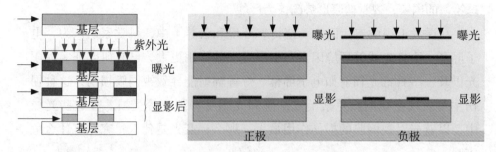

图3-11 光刻胶曝光显影及正负胶显影示意图

目前集成电路的线宽已经发展到7 nm水平，曝光波长发展到了极紫外区的13.5 nm，而传统的微电子制备采用的紫外曝光光刻技术面临避免光衍射、透镜材料选择和昂贵的光刻设备等技术难题，因此迫切需要研发出切实可行的下一代光刻技术。电子束刻蚀分辨率高，但是生产效率低；X线光刻产率高，但是其工具相当昂贵；极紫外光能量高，吸收明显。目前，国际上最先进的ASML光刻机的极紫外光成像系统曝光强度不足2%。因此，要降低成本，提高生产效率，研制大功率的极紫外光源或超高灵敏度的光刻胶。

中国制造的发展需要"加速度"。中国正以"飞奔"的姿态实现超越，但不可忽视的是，关键材料短腿现象严重制约着中国速度。其中，光刻胶就是中国材料工业发展的一个短板。我国虽然已成为世界半导体生产大国，但面板产业整体产业链仍较为落后。目前，上游LCD用光刻胶几乎全部依赖进口。

8. 纳米防蓝光材料，为人类眼睛护航!

教育部2014年全国学生体质与健康调查显示，小学生视力不良检出率为45.71%，初中生74.36%，高中生83.28%，大学生高达86.36%。其中，70%以上初中生、高中生、大学生患有高度近视，而高度近视可引发视网膜脱落、黄斑病变、玻璃体病变、白内障、青光眼等多种疾病。我国首份《国民视觉健康报告》指出，到2020年，全国5岁以上人口的近视发病率将超过50%，近视人口将达7亿，高度近视人口将超过4 000万。中国作为青少年近视率全球第一的国家，视觉健康形势已极为严峻。

在诱发近视的三大因素（遗传、环境和营养）中，科学家们认为，电子屏幕、不良光线等环境因素对引发近视的作用更大。已有研究证实太阳光以及一些日常光辐射如电子屏幕、灯等辐射能导致视网膜损伤，这种损伤主要表现在视网膜色素上皮细胞和光感受器细胞等受损。在这些光线中，以蓝光对视网膜的损伤作用最大。那么，蓝光是什么？究竟有什么危害呢？

根据相关的国际标准所述，所谓的蓝光危害是指波长介于380（或400）~500 nm的可见光照射后，引起的光化学作用导致视网膜损伤的现象。蓝光能够穿透晶状体直达视网膜，损害RPE细胞线粒体DNA及激发产生氧自由基，导致RPE细胞及光感受器细胞受损，进而引发黄斑区病变甚至失明，且该损伤不可逆转。高危蓝光波长范围为415~455 nm，又以435~440 nm危害最大。值得一提的是，蓝光并非完全有害，它对色觉感受、暗视觉、生物钟的调节具有重要作用。蓝光完全缺失，将造成严重的视物色差；464 nm左右蓝光是调节生物钟的重要光线，在暗环境下，感光细胞对500 nm蓝光最敏感。

随着工作和生活条件的改善以及生活方式的变革，LED灯及智能手机、电脑等3C电子产品空前普及，人们受到比以往更多的蓝光辐射。这些产品中蓝光含量高，且强度峰值处的蓝光波长在440~450 nm，恰处于高危蓝光波段范围。大量的生活实践案例说明：长期接受LED的连续照射会导致眼睛疲劳、酸涩、视力下降，甚至出现疼痛流泪等症状，由于强烈的蓝光照射而致盲的案例也屡见不鲜（图3-12）。随着人们对眼睛健

图3-12 青少年近视现象和人造LED光源光线情况

康需求的日益增长，防蓝光科技及材料近年来在国际市场上异军突起，发展十分迅速。

　　市场的防蓝光产品经历了从抗辐射→纯粹医用防蓝光→民用防蓝光的发展历程，产品也日趋丰富，防护也更具针对性。20世纪90年代，日本美尼康和日本豪雅公司最早生产出能吸收蓝光的人工晶状体，早期并未被广泛接受。国内防蓝光产品的快速发展，始于2014年，江苏视科新材料股份有限公司在国内率先研发出了防蓝光光学树脂单体材料，并成功实现产业化，使国内防蓝光树脂产品实现了从无到有、从"0"到"1"的突破，随后，以其为原料的防蓝光镜片及眼镜产品市场迅速成长。2015年，该公司继续推出第二代防蓝光产品——纳米防蓝光镜片及眼镜（图3-13），并申获纳米防蓝光专利技术。

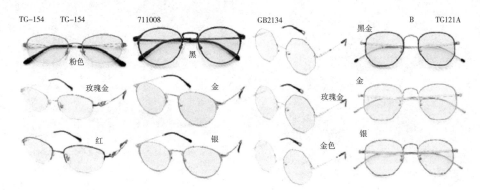

图3-13　纳米防蓝光眼镜

　　防蓝光产品主要用于防护LED光源发出的高能有害蓝光，相较于传统产品，防蓝光镜片在满足作为镜片基本要求的前提下，要在高效降低435~440 nm高危有害蓝光透过率、高效透过有益蓝光的前提下，保持合理的蓝光透过率，同时兼具较高的可见光透过率。目前，市场上真正做到科学有效防蓝光同时兼具优异光学性能的产品，以纳米防蓝光镜片性能最佳。与国内外知名品牌防蓝光镜片产品性能参数对比，以纳米防蓝光光学树脂单体材料研制的防蓝光镜片的可见光透光率（380~780 nm）高达93.25%，蓝光透过率（440 nm）仅为0.72%，同时兼具良好的色彩饱和度和防眩光功能。

未来，随着人们护眼意识及对护眼需求的不断提高，也将对防蓝光产品的性能提出更高的要求。因此，开发和生产低成本、高性能防蓝光材料，将成为我国防蓝光技术和材料的研发重点。为满足人们对美好生活的需求，"为人类眼睛护航"成为视光学领域的终身使命。我国目前在防蓝光技术方面处于领先地位，应继续集中优势力量，不断创新、突破关键技术，加速成果转化，从整体上进一步推动我国防蓝光技术的发展升级，为国民视觉健康和社会经济服务。

第四章

先进无机非金属材料

1. 那些神奇的特种玻璃，你见过几种?

玻璃最初由火山喷出的酸性岩凝固而得，先后经历几千年的发展，从最初腓尼基人在做饭过程中发现"晶莹明亮、闪闪发光的东西"到古埃及人制出简单的玻璃装饰品和玻璃器皿，再到珍稀的佩戴饰品和昂贵的宫廷贡品，直到现在的普通生活用具、科学技术领域的重要材料和珍贵的艺术精品，还有那些具有"灵气"的智能玻璃，其种类和数量呈现出指数式的增长，其质量发生了翻天覆地的变化。玻璃的发展历程体现的是人们对更加便利生活的渴望，延伸的是人们无穷的智慧和非凡的才能。今天，越来越多神奇的特种玻璃（图4-1）走进人们的日常生活。

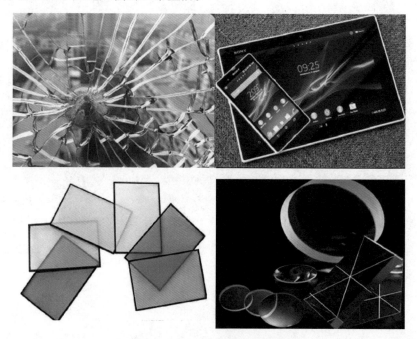

图4-1　几种常见的特种玻璃

（1）安全玻璃

指一类经剧烈振动或撞击不破碎，即使破碎也不易伤人的玻璃。目前，市面上的安全玻璃主要有钢化玻璃、夹层玻璃、半钢化夹层玻璃、钢化夹层玻璃等。其中，钢化玻璃是通过使用化学或物理的方法，在玻璃表面形成压应力，来增强玻璃自身的承载能力。夹层玻璃是在两片或多片玻璃之间夹了一层或多层有机聚合物中间膜，使玻璃和中间膜永久粘合为一体的复合玻璃产品。在我国一些高层建筑的玻璃使用上，国家规定必须使用安全玻璃。像银行、珠宝店的防盗玻璃，消防上的防火玻璃、防爆玻璃等，都属于安全玻璃。

（2）平板显示玻璃

指应用于各种平板显示器件的特种玻璃。平板显示玻璃是平板显示产业链上游关键的基础材料，是平板显示元件的载体，显示器件的主要制作工序都必须在玻璃基板上进行，其品质好坏对显示器的影响很大。所以，平板显示玻璃必须是高质量、薄厚度的特殊玻璃，需要具有表面平整度高、无内在缺陷、膨胀系数与辅材相匹配、化学稳定性和热稳定性优良、能进行精密存储等特殊性能。当前，随着平板显示行业的高质量发展，大尺寸、薄厚度、环保化日益成为显示器玻璃发展的新趋势。

（3）镀膜玻璃

也称反射玻璃，是在玻璃表面涂镀一层或多层金属、合金或金属化合物薄膜，以改变玻璃的光学性能，达到装饰、节能、环保及可再生能源等目的的玻璃深加工产品。热反射玻璃、低辐射玻璃、导电膜玻璃等是几种常见的镀膜玻璃（图4-2）。热反射玻璃一般是在玻璃表面镀一层或多层铬、钛或不锈钢等金属或金属化合物组成的薄膜，使产品呈丰富的色彩，可以透过可见光、反射红外线和吸收紫外线，多用于建筑和玻璃幕墙；低辐射玻璃是在

图4-2　镀膜玻璃的作用

玻璃表面镀多层银、铜或锡等金属或其化合物组成的薄膜系，产品对可见光有较高的透射率，对红外线有很高的反射率，具有良好的隔热性能，主要用于建筑和汽车、船舶等交通工具；导电膜玻璃是在玻璃表面涂敷氧化铟锡等导电薄膜，可用于玻璃的加热、除霜、除雾以及用作液晶显示屏等。

　　（4）石英玻璃

　　指二氧化硅单一成分的非晶态材料，其微观结构是一种由二氧化硅四面结构体结构单元组成的单纯网络，由于Si-O化学键能很大，结构很紧密。所以石英玻璃具有耐温、耐酸碱、低膨胀和极佳的光谱透过性等特殊理化性能，被广泛应用于半导体工业、光通信、电光源、微电子和国防军工等高新技术领域，是国家战略性产业和支柱性产业发展中不可替代的基础材料。

2. 除了青花瓷，你还需要知道这些陶瓷材料！

　　说到陶瓷，对它的理解，往往首先想到的是一块瓷砖，一个碗盘，一件精美的工艺品，青花瓷等。

　　知道图4-3中这位俏皮的女孩是什么制作的吗？它就是1983年陕西黄陵县黄帝陵附近出土的瓷枕——白釉黑花卧美人枕，为金世宗大定十六年（1176年）制作。在古代没有空调的时候，陶瓷枕就成为人们清凉避暑的首选神器。现在在日常生活中，陶瓷也是随处可见，如负离子瓷砖、现代仿古砖、陶瓷大板、大理石瓷砖等。

图4-3　白釉黑花卧美人枕

陶瓷的精美艺术确实让人为之着迷，但如果加上"特种"两个字，或许人们会简单地理解为"高科技产品"，普通的消费者或许会直接抛出"不知道"，总而言之，很少有人能准确地说出个所以然。那么，究竟什么是特种陶瓷？它都用在什么地方呢？

虽然也带"陶瓷"两个字，但特种陶瓷的各项性能却和传统陶瓷大不相同了。特种陶瓷又称精细陶瓷，指以高纯人工合成的无机化合物为原料，采用精密控制工艺烧结而制成的高性能陶瓷。特种陶瓷广泛应用于高温、腐蚀、电子、光学领域，作为一种新兴材料，以其优异的性能在材料领域独树一帜。按照性能及材质等特点分类，特种陶瓷大致分为结构陶瓷、功能陶瓷、半导体陶瓷、陶瓷纤维强化陶瓷基复合材料和金属陶瓷五大类。在实际研发和应用上，主要以结构陶瓷和功能陶瓷为主。

其中，结构陶瓷是指能作为工程结构材料使用的陶瓷，具有高强度、高硬度、高弹性模量、耐高温、耐磨损、抗热震等特性，因而在很多领域逐渐取代昂贵的超高合金钢或被应用到金属材料所不可胜任的领域，如发动机气缸套、轴瓦、密封圈、陶瓷切削刀具等（图4-4）。常见的结构陶瓷材料主要有氮化硅（Si_3N_4）、碳化硅（SiC）、氧化铝（Al_2O_3）等。功能陶瓷是指具有电、磁、光、声、超导、化学、生物等特性，且可以相互进行功能转化的一类陶瓷（图4-5）。常见的功能陶瓷材料主要有电子陶瓷、热学和光学功能陶瓷、超导陶瓷等。下面就让我们一起来看看几种常见的结构陶瓷和功能陶瓷材料吧。

图4-4　结构陶瓷材料产品

图4-5 功能陶瓷材料产品

（1）氮化硅陶瓷

主要组成物是Si_3N_4，这是一种耐高温、高强度、高硬度、耐磨、耐腐蚀并能自润滑的高温结构陶瓷，素有陶瓷材料中的"全能冠军"之称。Si_3N_4陶瓷的线膨胀系数在各种陶瓷中最小，使用温度高达1 400 ℃，具有极好的耐腐蚀性，除氢氟酸外，能耐其他各种酸的腐蚀，还能耐碱、各种金属的腐蚀，并具有优良的电绝缘性和耐辐射性。可用作高温轴承、在腐蚀介质中使用的密封环、热电耦套管，也可用作金属切削刀具。

（2）碳化硅陶瓷

主要成分是SiC，是一种高强度、高硬度的耐高温陶瓷，在1 200~1 400 ℃使用仍能保持高的抗弯强度，是目前高温强度最高的陶瓷。碳化硅陶瓷还具有良好的导热性、抗氧化性、导电性和高的冲击韧度，是良好的高温结构材料，可用于火箭尾喷管喷嘴、热电耦套管、炉管等高温下工作的部件；利用它的导热性可制作高温下的热交换器材料；利用它的高硬度和耐磨性制作砂轮、磨料等。

（3）氧化铝陶瓷

主要组成物为Al_2O_3，一般含量大于45%。氧化铝陶瓷具有各种优良的性能。耐高温，一般可在1 600 ℃长期使用。耐腐蚀、高强度，其强度为普通陶瓷的2~3倍，高者可达5~6倍。其缺点是脆性大，不能接受突然的环境温度变化。用途极为广泛，可用作坩埚、发动机火花塞、高温耐火材料、热电耦套管、密封环等，也可作刀具和模具。

（4）电子陶瓷

陶瓷大家族中一位活力四射的成员，不仅具有传统陶瓷的耐高温、耐腐蚀、耐风化等特性，而且在电、磁、声、光等方面具有许多优异的性能。常见的电子陶瓷材料有绝缘陶瓷、介电陶瓷、压电陶瓷、磁性陶瓷、半导体陶瓷、红外传感器用陶瓷和透明陶瓷等。其中，介电陶瓷的主要用途是制备储存电能的陶瓷电容器，目前全世界每年生产的陶瓷电容器高达几百亿只，大量用于集成电路的高密度设计和微波电路元件中。可以说，没有介质陶瓷，就没有今天的电子工业。

（5）超导陶瓷

指具有超导特性的功能陶瓷，其超导特性指在一定的临界温度时，超导陶瓷进入超导状态，电阻率趋向于零，且在磁场中其体内的磁感应强度也为零的特性。由于超导陶瓷具有上述特性，在输配电方面可以制造超导线圈无损耗地输配电，在交通运输方面可以制造磁悬浮高速列车和制备船舶和空间飞行器的电磁推进装置，在环保方面可以进行废水净化和去除毒物，在医药方面可以从血浆中分离血红细胞并正在研究抑制和杀死癌细胞，在高能物理方面利用其磁场加速高能粒子等。

（6）气敏陶瓷

对某些气体很敏感，遇到这些气体分子就发生电性能的变化。常见的气敏陶瓷材料比如二氧化锡（SnO_2）、氧化锌（ZnO）、氧化锆（ZrO_2）等。这些材料可以用来做气体传感器，而且可以通过选择材料或者掺杂等方法做成只对特定的气体敏感，例如专门的酒精传感器、一氧化碳传感器等，有些还可以检测生化武器的毒气。日常生活中用于检测瓦斯、煤气等有毒、易燃、易爆气体的"电鼻子"，就是一种典型的气敏陶瓷制品。

（7）压敏陶瓷

指电阻值随着外加电压变化有一显著的非线性变化的半导体陶瓷，具有非线性伏安特性，在某一临界电压下，压敏电阻陶瓷电阻值非常高，几乎没有电流，但当超过这一临界电压时，电阻将急剧变化，并有电流通过，随电压的少许增加，电流会很快增大。目前常见的压敏陶瓷主要有SiC、TiO_2、$SrTiO_3$和ZnO四大类，应用广、性能好的当属ZnO压敏陶瓷，在电力系统、电子线路、家用电器等领域应用广泛，尤其在高性能浪涌吸收、过压保护、超

导性能和无间隙避雷器方面的应用最为突出。

（8）热敏陶瓷

在工作温度范围内，电阻率明显随温度变化的一类功能陶瓷。主要用于制作热敏电阻器、温度传感器、加热器以及限流元件等。

总之，特种陶瓷是一种正在不断开发中的陶瓷材料产品，但原料的制取、材料的评价和利用技术等许多方面也仍有尚待解决的难题。不过，人们有充分理由相信，随着科学技术的飞速发展，在未来的制造业中将会有更多的特种陶瓷、智能陶瓷制品被引入和采用。不仅如此，伴随先进陶瓷各种功能的不断发掘，其在微电子工业、通信产业、自动化控制和未来智能化技术等方面作为支撑材料的地位将日益显著，市场容量也将进一步提升。

3. 多"材"多艺的陶瓷膜材料！

无机陶瓷膜是以氧化铝、氧化钛、氧化锆等无机材料经高温烧结而成的具有多孔结构的精密陶瓷过滤材料，其过滤精度涵盖微滤、超滤、纳滤三个级别。无机陶瓷膜是新材料领域和高性能膜材料的重要组成部分，是我国重点发展的战略性新兴产业之一。

无机陶瓷膜（图4-6）的发展始于20世纪40年代，至今经历了三个阶段。第一阶段始于二战时期，采用多孔陶瓷材料分离UF6同位素，为核反应堆提供浓缩铀；第二阶段是20世纪80年代，无机膜进入工业领域，主要产品是无机微滤膜、无机超滤膜，逐渐应用于食品工业、环境工程、气体

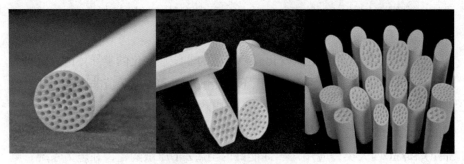

图4-6 无机陶瓷膜材料产品

净化等领域；膜催化反应器的广泛应用和无机陶瓷纳滤膜的研制，使无机膜的发展进入第三阶段。

20世纪80年代末，我国制备出实验室规模的无机陶瓷膜并转入民用。在国家"九五"科技攻关项目的支持下，1997年，国内无机陶瓷膜实现产业化，并逐渐在医药、食品、化工与石化、环保水处理等领域广泛应用。国内无机陶瓷膜产业已经形成了包括江苏久吾等在内的一批材料制备、工艺设计和工程实施的企业，产品从低成本高装填密度膜元件到陶瓷纳滤膜产品，品种规格丰富。

无机陶瓷膜材料具有化学稳定性好、耐高温、机械强度高、易清洗、寿命长的优点，其孔径分布窄，分离精度高，无溶出物，适用于食品和医药的过程分离；进水或进料的要求低，可应用于一些极端的环境中。与传统技术相比，无机陶瓷膜分离技术可提高产品纯度，缩短生产周期，节能减排等。

在医药食品领域生物发酵方式的产品中，无机陶瓷膜可用于除菌、除杂、脱色、浓缩。植物提取液产品，无机陶瓷膜分离纯化技术能去除鞣质、果胶、大分子蛋白等，提高澄清度和有效成分含量。以水解、转化、合成等方式的产品，能实现有机溶剂的纯化、水中溶剂的脱除等。因此在医药食品行业中无机陶瓷膜广泛应用在抗生素、维生素、氨基酸、酒类、中药、食品添加剂等生产过程中。

在化工与石化领域中，"第四代陶瓷膜盐水精制技术"攻克了原工艺钙镁不能同时去除的难关，缩短了流程，可节省占地和减少30%~50%的一次盐水投资，使中国的盐水精制工艺世界领先。石化与化工反应过程中，将无机陶瓷膜分离过程与反应过程集成，有效实现纳米催化–无机陶瓷膜分离耦合。另外，无机陶瓷膜分离技术在纳米粉体洗涤纯化、多晶硅切割液回收、钛白废水中偏钛酸或二氧化钛的回收、黏胶纤维中碱回收方面也实现了技术突破和应用推广。

在环保水处理领域中，主要是特种水处理领域。包括在含油废水处理、油气田回注水处理等，无机陶瓷膜表现出运行稳定、通量高、出水水质好、含油量低等优点。随着平板陶瓷膜分离技术的日益成熟，与管式陶瓷膜优势互补，在高温凝结水、垃圾渗滤液处理、脱硫废水等多个方向的水处理领域，无机陶瓷膜分离技术展现了其应用价值。

未来，无机陶瓷膜材料的发展趋势主要有两个：一是更高分离精度的无机陶瓷膜材料的开发与应用，国家"863"计划课题"高性能陶瓷纳滤膜规模制备技术及膜反应器"已成功实现小孔径无机陶瓷膜和无机纳滤膜。二是低成本高装填密度的陶瓷膜元件的开发，美国Ceramem公司和日本NKG公司已开发出面向水处理领域的低成本陶瓷膜产品，江苏久吾高科技股份有限公司和南京工业大学也已共同开发出适合于水处理的低成本蜂窝状陶瓷膜。"十三五"期间，无机陶瓷膜材料迎来更大的机遇，为各行业转型升级、绿色节能制造提供了新技术和新能量。

4. 超高性能混凝土的艺术魅力！

什么是人类历史上最伟大的材料？恐怕非钢筋混凝土莫属。小到人们日常居住的居民楼，大到跨海大桥、摩天大楼、公路高铁，可以说人类文明的每一个角落都充斥着混凝土。一堆砂子、一堆石子、几袋水泥和一桶水，搅一搅，拌一拌，砌成你想要的形状，过几天就可以变得硬如岩石，还能经得住长时间的风吹日晒雨淋，无怪乎工程师们形象地用"砼"字来表示混凝土（图4-7）。

图4-7 混凝土

混凝土的使用要追溯到公元前7 000年，以色列王国的加利利城就使用了简易的"混凝土"制作地板，当时的人只是简单地使用煅烧的生石灰与砂子混合，在空气中缓慢硬化，最后居然也形成了强度。后来，罗马人又在这种材料的基础上加入了天然的火山灰，制造了表现更好的"混凝土"，并以此修建了庞贝的大体积剧院、浴室和遍布城市的下水道。直到1887年，法国科学家亨利发现了水泥的真实组分，混凝土才真正得到大范围的应用。

然而随着现代社会的快速发展，现代化的大楼也越盖越高，这对混凝土各项性能的要求也越来越大。传统的混凝土已难以满足现代建筑的要求，这时具有低水胶比、低孔隙率、高致密度等特性的超高性能混凝土应运而生。那么，什么是超高性能混凝土呢？超高性能混凝土（ultra-high performance reinforced cement，简称UHPC），也称作活性粉末混凝土，是一种由水泥、超细颗粒、细骨料、纤维和高效减水剂组成的新型混凝土材料。相较传统混凝土，超高性能混凝土是一种具有高强度、高韧性和高耐久性的"三高"混凝土。

1994 年，法国科学家De. Larrard 首次提出"超高性能混凝土"的概念，引起了行业内的广泛关注；1998年加拿大召开了第一次以超高性能混凝土为主题的国际探讨会，与会专家一致认为超高性能混凝土具有广阔的应用前景。国内最早开展超高性能混凝土材料研究的是湖南大学，其后清华大学、北京建工学院、东南大学、北京交通大学等陆续开展超高性能混凝土性能和机理研究。随着超高性能混凝土配合比、纤维种类和掺量、矿物掺合料、养护制度等对其力学性能影响以及微观结构下增韧机制等方面的研究不断深入，超高性能混凝土已发展出了力学性能差别较大的各类型产品，但通常认为其抗压强度应在120 MPa以上，有报道称目前超高性能混凝土抗压强度最高达到了810 MPa。

超高性能混凝土不仅抗压强度高，其抗拉、抗弯、抗剪、抗冲击强度都有跨越式提高，因此它特别适合用于大跨径桥梁、抗爆结构（军事工程、银行金库、水泥大坝等）以及用在高磨蚀、高腐蚀环境。1997年，世界上第一座使用超高性能混凝土建造的人行桥在加拿大魁北克省Sherbrooke市建成。2002年，The Seonyu Footbridge在韩国首尔完工，这是目前跨度最大的超高性能混凝土步行桥，跨度达到120 米，并且桥中间没有支撑。2016年，世界首座全预制拼装超高性能混凝土桥梁（图4-8）在中国长沙建成，桥梁全长70.8米，只有2个桥墩，标志着中国桥梁建造进入一个新的发展阶段。2018年，国内首次在武汉军山长江大桥完成超高性能混凝土桥面铺设，它将帮助军山长江公路大桥实现桥面与桥梁主体结构同寿命，使用寿命预计能达到200年。

图4-8　长沙的世界首座全预制拼装UHPC天桥

　　因力学性能优异，超高性能混凝土也非常适用于薄壁结构，如制造成镂空率较高的薄壁装饰外墙板。这种薄壁装饰外墙板相比传统纤维水泥外墙板，水泥用量较少，可替代玻璃、石材作为高层建筑的幕墙使用，有效地减少了矿物资源，节能环保。法国Lafarge集团最早研制出UHPC薄壁板，产品28天抗折强度40 MPa以上，抗压强度达到250 MPa，镂空率最高达到70%以上。目前，国外已经有诸多工程案例，如法国马赛博物馆、法国吉恩-博因体育馆、拉巴特-塞拉国际机场（图4-9）等项目。国内南京倍立达、江西贝融、广州市玖珂瑭等企业也开展了UHPC薄壁装饰板的研制和产业化工作，但目前应用案例相对较少。

　　超高性能混凝土彻底改变了混凝土结构"肥梁胖柱"的传统状态，其结构所拥有的耐久性和工作寿命远远超越钢、铝、塑料等其他所有结构材料，是过去30年来最具创新性的水泥基材料。目前UHPC国内仅在少量高

图4-9 拉巴特-塞拉国际机场超高镂空率的UHPC薄壁板

速铁路的电缆沟盖板、地铁的人防工程以及桥梁结构中应用。住建部和工信部2014年发布了《关于推广应用高性能混凝土的若干意见》推广UHPC材料，无论是从节能环保、提倡绿色低碳建筑，还是从延长建筑结构使用寿命，未来中国对于UHPC的发展和规模化应用都将具有庞大的市场容量。

5. 小小外加剂，创造大奇迹！

　　混凝土原材料包括五大组分：水泥、砂子、石子、水和混凝土外加剂。混凝土外加剂是指在拌制混凝土过程中掺入，用来改善和调节混凝土性能的材料，是拌制混凝土必不可少的物质。外加剂作为产品应用于混凝土已有超过60年的历史，但古代人们早已在一些建筑用的凝胶材料中使用一些外加剂。古罗马时代，人们曾经用牛血、牛油、牛奶等掺加在火山灰里充当外加剂。公元前221年，我国秦朝修建万里长城时，曾以黏土、石灰等作为凝胶材料，并向其中添加糯米汁、猪血、豆腐汁等，以增加其粘结力。明代《天工开物》中记载用石灰、河砂，外加糯米、杨桃藤汁等筑造贮水池。正式的混凝土外加剂工业产品始见于1910年，主要是疏水剂和塑化剂。1935年，美国成功研造出以纸浆废液中木质磺酸盐为主要成分的减水剂，标志着真正意义上的混凝土外加剂问世。

近年来，随着科学技术的不断发展，在整体浇混凝土结构中出现了高层、大跨度和各种新的结构体系，在装配式预制混凝土构件中出现了许多大型、薄壁等新的构件型式，在混凝土施工中出现了大体积混凝土、喷射混凝土、真空吸水混凝土、滑模施工混凝土等新的施工技术，因而对混凝土提出了大流动性、早强、高强、速凝、缓凝、低水化热、抗冻、抗渗等各种性能要求，从而使混凝土添加剂成为调配各类高性能混凝土的一种效果显著、使用方便、经济合理的选择。

混凝土的性能是由水泥、砂、石子和水的比例决定的。为了改善混凝土的某一种性能，可以调整原材料的比例。但这样往往会造成另一方面的损失。例如，为了加大混凝土的流动性，可以增加水用量，但这样就会降低混凝土的强度。为了提高混凝土早期强度，可以增加水泥用量，但这样除了加大成本外，还可能增加混凝土的收缩和变形。而采用外加剂，就可以避免上述缺陷，在对混凝土的另外一些性能影响不大的情况下，采用混凝土外加剂，可以大大改善混凝土的某一种性能。例如，在混凝土中掺入0.2%～0.3%的木质素磺酸钙减水剂，在不增加水用量的情况下，可以提高混凝土坍落度一倍以上；在混凝土中掺入2%～4%的硫酸钠糖钙（NC）复合剂，在不增加水泥用量的情况下，可以提高混凝土早期强度60%～70%，还可以提高混凝土的后期强度。而掺加抗裂密实剂则可以显著提高混凝土的抗裂性、抗渗性和耐久性，充分提高长期强度。

目前，混凝土外加剂产品门类众多，包括减水剂、早强剂、抗裂密实剂、缓凝剂、引气剂、膨胀剂等。其中，使用量最多的类型是减水剂，其他外加剂一般是与减水剂复配作为助剂使用。减水剂是一种在维持混凝土坍落度不变的条件下，能减少拌合用水量的混凝土外加剂。新型混凝土添加剂主要是指聚羧酸系减水剂（简称PCE），主要以石油或煤裂解、加工改性的化工产品为原材料，经过聚合、中和等化学反应制备而成，是目前发展最快、使用量最高的新型添加剂，对混凝土具有掺量低、减水率高、保坍性能优、收缩率低等优点，能显著改善混凝土和易性，提高施工效率和施工质量，大幅降低水胶比，提升混凝土强度和耐久性，延长混凝土构筑物的服役寿命，节省水泥用量，提高工业废渣利用率。聚羧酸系减水剂主要应用于配制高性能混凝土，应用于核电站、桥梁、高铁、隧道、高层建筑等领域（图4-10）。

| 高架 | 核电站 | 地铁 |
| 桥梁 | 市政 | 高速公路 |

图4-10　混凝土外加剂的应用

　　近年来，国家加大了对基础设施工程的建设，包括水利水电、高速铁路、高速公路、桥梁、核电站、机场和轨道交通工程等，直接带动了商品混凝土行业、建筑施工行业的发展，从而带动混凝土添加剂行业的发展。目前，国内混凝土外加剂行业门槛不高，导致行业内大批量的企业涌入，随之而来的是企业技术实力普遍落后，高质量的外加剂产品还不够多。下一步，国内相关外加剂企业应该注重品牌建设，不断提升自身的研发与创新能力，力争塑造高品质的民族品牌。

6. 人工晶体也能"变焦"，人类将远离老眼昏花?

　　如果把人的眼睛比喻成单反相机，那么白内障就相当于相机的镜头出了问题，也就是眼睛的晶状体开始变得混浊（图4-11）。随着年龄增长，人的晶状体逐渐老化，于是变得混浊，视力下降，看东西变模糊像蒙了一层雾，这就是白内障。

　　这时，让我们不禁想起著名歌手那英在《雾里看花》中唱到："借我借我一双慧眼吧，让我把这纷扰，看得清清楚楚明明白白真真切切。"随着材

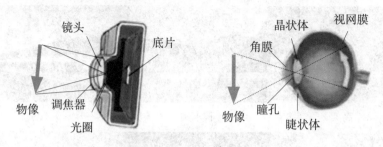

图4-11　相机与眼睛

料工业和医学科技的发展，借一双"慧眼"确实已经不是难事了。目前，针对白内障行之有效的治疗方法是进行手术治疗，把已变得不透明的晶状体拿掉，换上一个人造的晶体，使人眼重新恢复光线的穿透及聚焦功能，从而恢复视力（图4-12）。

图4-12　人工晶体

从1949年第一枚人工晶体植入到现在，人工晶体的材料、设计不断地更新换代。早期的人工晶体不可折叠，手术切口需要6 mm以上才能植入眼内。随着人工晶体材料不断更新，手术切口也缩小至1.8~2.2 mm。人工晶体材料主要是由线性的多聚物和交联剂组成，通过改变多聚物的化学组成，可以改变人工晶体的折射率、硬度等。常见的人工晶体材料包括聚甲基丙烯酸甲酯、硅胶、水凝胶、丙烯酸酯等（表4-1）。其中，最经典的人工晶体材料是聚甲基丙烯酸甲酯（PMMA）。

表4-1 几种常见的人工晶体材料

材料	优点	缺点	应用
硅凝胶	较好的柔韧性和弹性，可折叠，可高压或煮沸消毒	弹性较大，展开较快，容易弹失和翻转	软性晶体应用较广泛的材料
聚甲基丙烯酸甲酯	性能稳定，较高的抗老化特性，抗酸、碱、盐和有机溶剂	不耐热，硬质材料弹性有限，不能制造可折叠晶体	最早制造人工晶体的材料，目前主要用于制造一片式硬性IOL
丙烯酸酯	亲水性：对硅油的黏附很少，可用于玻璃体硅油手术 疏水性：质量较轻，柔韧性好，屈光指数相对较高，可制成更薄的人工晶体	高折射率使患者术后眩光等不良光学现象增加	目前临床最好的可折叠人工晶体材料
聚丙烯	高强度、高韧性、高畸变温度、良好的表面坚硬度	会发生自由基氧化反应，可被过氧化氢、放射线、紫外线照射而引发	许多软性、硬性IOL袢及IOL悬吊缝线的材料
水凝胶	具有亲水性，可折叠，耐高温，化学稳定性和韧性好，不易折断	网状结构，眼内组织的代谢物可进入并沉积，使透明度降低	一般为制成三件式人工晶体的材料
记忆材料	亲水材料，耐高温高压，有极好的生物相容性	—	可制成预装式人工晶体，于推注器中

目前，国产人工晶体基本上都是硬质晶体，这种晶体在一些发达国家已被淘汰。软式晶体即可折叠晶体多数依赖进口。美国爱尔康、眼力健和博士伦三家公司垄断全球人工晶体80%以上的市场份额。目前能研发和生产可折叠晶状体的国内企业相对还比较少。

相关统计显示，目前我国拥有全世界最庞大的白内障患者群，每年进行约200万台白内障手术，国家卫生计生委办公厅印发的《"十三五"全国眼健康规划（2016~2020年）》显示，到2020年，中国的年白内障手术量将达到400万台。人工晶体的市场潜力巨大，只有加强研发投入，鼓励更多的国产企业加入进来，才能彻底打破人工晶体长期依赖进口的局面。

7. 氮化镓VS碳化硅，谁是最具潜力的半导体材料？

什么是半导体材料？半导体材料是一类具有半导体性能（导电能力介于导体与绝缘体之间，电阻率在1 mΩ·cm~1 GΩ·cm范围内）、可用来制作半导体器件和集成电路的电子材料。通过简单的灯泡电路实验，我们就能清楚地分辨出，将塑料、木材等待测物质放置电路中，两端加上电压后，不能让灯泡发光的物质为绝缘体，而将铁、银、铜等物质放置电路中，两端加上电压后，能让灯泡较亮发光的物质为导体，而介于导体与绝缘体中间的物质则统称半导体（图4-13）。

在整个半导体材料的发展历史上，人们对半导体材料的研究大致经历了三代。1990年前，第一代半导体材料以硅材料为代表，它取代了笨重的电子管，导致了以集成电路为核心的微电子工业的发展和整个信息行业的

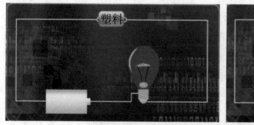

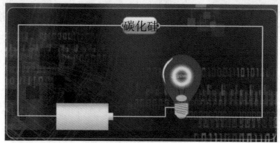

图4-13　灯泡实验

飞跃，广泛应用于信息处理和自动控制等领域。1990年后，随着移动无线通信的快速发展，以及以光纤通信为基础的信息高速公路和互联网的兴起，以砷化镓、磷化铟、磷化镓等为代表的第二代半导体材料开始兴起。与第一代硅材料相比，砷化镓等第二代半导体材料具有电子迁移率高、禁带速度较宽的特性，在卫星通信、军用电子、航空航天等领域得以广泛应用。进入21世纪，随着摩尔定律的失效大限日益临近，寻找半导体硅材料的替代品任务变得异常紧迫。在碳化硅、氮化镓、氧化锌、金刚石、氮化铝等多位选手轮番登场后，氮化镓和碳化硅两种材料脱颖而出，成为第三代半导体材料中的佼佼者。与前两代半导体材料相比，第三代半导体材料具有高热导率、高击穿场强、高饱和电子漂移速率等特性，可满足现代电子技术对高温、高功率、高压、高频以及抗辐射等恶劣条件的新要求，是半导体材料领域颇具前景的新材料。

　　以氮化镓和碳化硅（图4-14）为代表的第三代半导体材料的出现，让我们的世界发生了极大的变化。那就让我们一起来看看这两种半导体材料中的"双雄"所具有的独特性质和神奇应用吧！

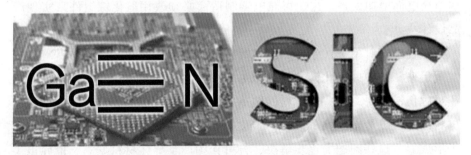

图4-14　氮化镓与碳化硅

　　在第三代半导体材料中，碳化硅材料是研究最为成熟的一种。早在1893年，诺贝尔奖获得者、法国化学家亨利莫桑在非洲发现了晶莹剔透的碳化硅单晶碎片。由于碳化硅是硬度仅次于金刚石的超硬材料，碳化硅单晶和多晶材料作为磨料和刀具材料广泛应用于机械加工行业。作为半导体材料应用，相对于硅，碳化硅具有10倍的电场强度、高3倍的热导率、宽3倍禁带宽度、高1倍的饱和迁移速度。因为这些特点，用碳化硅制作的器件可以用于极端的环境条件下。

碳化硅具有极佳的材料特性，可以显著降低开关损耗，因此电源开关的操作频率可以大为提高，从而使电源系统的尺寸明显缩小。在转换效率方面，相较于硅晶体管在单极操作下无法支持高电压，碳化硅即便是在高电压条件下，一样可以支持单极操作，因此其功率损失、转换效率等指针性能的表现也显著优于硅组件。电动汽车领域是现阶段碳化硅组件最主要的应用市场，主要原因在于可实现更轻巧的电源系统设计，不管是车身上的动力总成系统，还是固定安装在路边或车库里的充电桩，导入碳化硅组件的进度都非常快。

氮化镓材料能为高频电源设计带来效率提升、体积缩小与功率密度提升的优势，因此在服务器、通信电源及便携设备充电器等领域受到市场相当不错的响应，应用需求也越来越多。近年来在消费性电源领域引发话题的手机快速充电、USB–PD等技术，就是氮化镓组件可以大展身手的舞台。和电动车的情况类似，快速充电也是智能型手机或便携设备用户非常欢迎的功能，而为了缩短电池充电时间，充电器必须用更高的电压或更大的电流对电池充电。但便携式装置的充电器本身也属可携式产品，其外观尺寸不能为了支持快速充电而增加太多，这使得充电器制造商必须改用氮化镓组件来实现产品设计。

随着国家对第三代半导体材料的重视，近年来，我国半导体材料市场发展迅速。其中以碳化硅与氮化镓为主的材料备受关注。尽管如此，但产业难题仍待解决，如我国材料的制造工艺和质量并未达到世界顶级水平，材料制造设备严重依赖于进口，碳化硅与氮化镓材料和器件方面产业链尚未形成等，这些问题需逐步解决，方可让国产半导体材料屹立于世界顶尖行列。

8. 神奇的稀土发光材料

阳光，造就了人类，造就了万物，带来了生机盎然的大千世界。

自古以来，人类就喜欢光明而害怕黑暗，变幻莫测、五彩斑斓的电光（图4–15）是现代文明的标志，无论是流光溢彩的城市灯光、现代智能的生态照明，还是见微知著的动态显示，一缕缕神奇电光把世界从黑暗带向了光

图4-15　五彩斑斓的电光

明，不但打开人类的认知视野，也放飞着人类的思想灵魂。

人类的生活离不开光，发光使人们最早认识并加以应用稀土元素的特性。而稀土发光材料，更为人类生活增添了无限光彩。稀土发光材料是指由稀土元素作为激活剂或基质组分而制成的新一代发光材料。稀土化合物具有光、电、磁、核等特性，其中，发光是最突出的功能。换言之，稀土发光材料是一种稀土功能材料，能够以某种方式吸收能量后，将其转化为光辐射的稀土材料。

物质发光现象大致分为两类：一类是物质受热，产生热辐射而发光，另一类是物体受激发吸收能量而跃迁至激发态（非稳定态），在返回到基态的过程中，以光的形式放出能量。以稀土化合物为基质和以稀土元素为激活剂的发光材料多属于后一类。稀土元素原子具有丰富的电子能级，因为稀土元素原子的电子构型为多种能级跃迁创造了条件，从而获得多种发光性能。

那么，稀土发光材料能用来干什么？据不完全统计，稀土发光材料的品种达到300多种，用途也很广，比如照明、显示、显像、医学放射图像、辐射场的探测和记录等领域。正因为稀土有发光特性，让其可以成为稀土发光材料，LED灯光（图4-16）优点显著——光色好、体积小、质量轻、使用寿命长等。所以，它成了一种新型的节能照明光源。

稀土是一个巨大的发光材料宝库，在人类开发的各种发光材料中，稀土元素发挥着非常重要的作用。自1973年世界发生能源危机以来，各国纷纷致

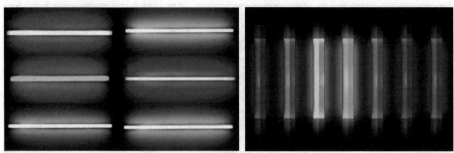

图4-16 炫彩的LED灯光

力于研制节能发光材料，于是利用稀土三基色荧光材料制作荧光灯的研究应运而生。1979年荷兰菲利浦公司首先研制成功，随后投放市场。从此，各种品种规格的稀土三基色荧光灯先后问世。随着人类生活水平的不断提高，彩电已开始向大屏幕和高清晰度方向发展。稀土荧光粉在这些方面显示出自己十分优越的性能，从而为人类实现彩电的大屏幕化和高清晰度提供了理想的发光材料。稀土荧光材料与相应的非稀土荧光材料相比，其发光效率及光色等性能都更胜一筹。因此，近几年稀土荧光材料的用途越来越广泛，年用量增长较快。

稀土发光材料因具有环保节能、色彩显色性能好及使用寿命长等优点，已经成为节能照明和电子信息产业发展过程中不可或缺的基础材料。而且，其研究和应用将随着稀土分离、提纯技术的进步，以及相关技术的促进得到显著发展。众所周知，光是地球生命之源，是人类生活不可或缺的存在，还是信息的载体以及传播的媒质。所以，在可替代材料出现之前，我国的稀土发光材料是具有一定优势的。因为我国拥有得天独厚的稀土资源优势，全国的稀土储量占到已查明的世界稀土储量的80%，产量位居世界第一，并且品种齐全。

9. 带你认识什么是纳米光催化材料？

纳米光催化剂，是指一些半导体材料在紫外线或可见光照射下，受激生成"电子-空穴对"，这种"电子-空穴对"和周围的水、氧气发生作用后，形成活性很强的自由基和超氧离子等活性氧，具有了极强的氧化–还原能力，能将空气或水中的污染物直接分解成无害无味的物质，破坏细菌的细胞壁，杀菌消毒（图4-17）。

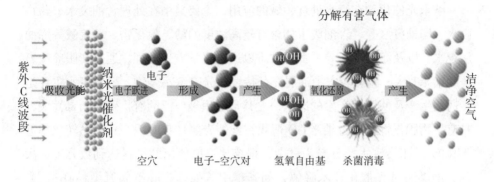

分解有害气体

紫外C线波段 → 吸收光能 → 纳米光催化剂 → 电子跃进 → 电子 → 形成 → 电子-空穴对 → 产生 → 氢氧自由基 → 氧化还原 → 杀菌消毒 → 产生 → 洁净空气

空穴

图4-17 纳米光催化剂净化空气机理

　　纳米光催化剂是当今化学、材料和环境领域的研究热点，在污水处理、空气净化、太阳能利用、抗菌和自清洁功能等领域均有应用。自1976年，Carey发现了利用半导体TiO_2在近紫外光的照射下使多氯联苯脱氯去毒，开辟了TiO_2在环境保护应用的新领域。自此之后，多种半导体光催化剂如TiO_2、WO_3、ZnO、CdS、SnO_2等逐渐开发应用。ZnO催化剂稳定性差，金属硫化物寿命短，而纳米TiO_2颗粒在光照下显示出优异的光催化活性，应用最为广泛，但是TiO_2的缺点明显：光响应范围主要在紫外，量子效率较低。因此提高TiO_2光催化剂的光催化活性和可见光响应性能，和开发催化效率高、稳定性好、价格低廉且能充分吸收可见光的新型光催化剂是当前光催化领域研究的重点。目前较为常用的技术主要包括几种光催化剂组合、过渡金属离子掺杂、稀土金属离子掺杂、贵金属沉积和其他新型光催化剂的开发等。目前已开发出众多性能优异、具有产业化前景的SnO_2/TiO_2组合光催化剂、N掺杂TiO_2催化剂、C_3N_4/SnO_2光催化剂、石墨烯/WO_3光催化剂等。

　　空气净化领域，由于工业和交通运输业迅速发展以及化石燃料的大量使用，硫氧化物、氮氧化物、碳氧化物等物质使空气质量严重恶化。日本通过在高速公路上面设置防护墙以及在城市中心地带的建筑物墙面上涂抹光催化剂，消除大气当中存在的污染气体。东南大学钱春香教授曾以路面材料为载

体，证实了负载型纳米TiO_2对氮氧化物具有降解作用。商业化的光催化剂主要用于室内去除甲醛和在地下停车场中去除尾气，封闭环境下应用效果较为显著。

纳米光催化剂在废水处理领域的应用，主要集中在处理含油废水、药物废水、印染废水等。含油废水如含有较高浓度的酚、硫化物、环烷酸等炼油厂废水，以及海上油污等，都非常难以通过化学方法处理，通过膨胀珍珠岩负载纳米TiO_2，能够与水中油层充分接触，光降解污染物。药物废水主要是指药物生产及使用后产生的废水，尤其是应用最广泛的有机磷农药毒性大，具有生物积累性，通过纳米TiO_2薄膜在紫外光照15小时后，百草枯转化率近于100%。印染废水成分最为复杂，据统计目前使用的染料达到数万种，大部分能够通过光催化技术降解，如李耀中等处理难降解偶氮染料4BS，光照74 min，色度去除率达到80%。

纳米光催化剂可分解有机污染物，实现自清洁；且一定光照后，纳米TiO_2转化成超亲水表面，有利于雨水对污染物的冲洗。因此，可以在汽车玻璃、卫生洁具、瓷砖等产品表面涂上一层纳米TiO_2薄膜，实现自清洁。与此同时，欧洲在2000年利用意大利水泥公司生产纳米TiO_2复合水泥兴建了法国兰庭美术学院，此建筑历时多年，光洁如新。但光催化水泥成本较高，工艺复杂，建筑领域国内外主要还是研究光催化自洁涂层，受限于光催化剂与水泥的结合力较差、耐久性不佳等问题，产业化成果不多。

纳米光催化剂作为一种新型材料，对环境治理和保护具有非常好的应用前景，但由于光催化活性、可见光响应能力、制备工艺等问题，目前大部分成果停留在实验室阶段。充分挖掘纳米光催化材料的技术潜力，解决实际应用中存在的问题，是光催化材料产业的重要方向。

第五章

高性能纤维及复合材料

1. "黑色黄金"碳纤维，真正的大国重器！

还记得美国迪士尼动画电影《超能陆战队》里的机器人"胖大白"（图5-1）吗？这个被称为"萌神"的医疗机器人的原型，其体内骨骼正是由碳纤维材料打造，圆滚滚软绵绵的"胖大白"才经受住了一次又一次的碾压摔打。又如傲视群雄的F-35战斗机首飞时间一再推延，其中一个很大的制约因素就是机体超重。最终，美国洛克希德·马丁公司也是凭借使用多达35%的碳纤维复合材料才实现飞天梦想。再如固体火箭发动机重量每减少1千克，射程就可以增加16千米。所以，美国"爱国者"导弹、德国HVM超声速导弹、法国"阿里安-2"火箭、日本M-5火箭等发动机壳体都大量采用碳纤维复合材料。未来，碳纤维将是一个国家发展小型化、高性能、高精度先进战略性武器装备的关键材料。

图5-1 《超能陆战队》机器人"胖大白"

那么，究竟什么是碳纤维？碳纤维的起源最早可追溯至1860年，英国人瑟夫·斯旺在制作电灯灯丝时发明了碳纤维并获得了专利。它是由片状石墨微晶等有机纤维沿纤维轴向方向堆砌而成，经碳化及石墨化处理而得到的微晶石墨材料。碳纤维"外柔内刚"，不仅具有碳材料的本质特性，又兼备纺织纤维的柔软和可加工性，是新一代高性能增强纤维。在现代工业当中，钢铁一直是人们公认的最坚固的材料，而碳纤维的密度不到钢的

1/4，强度却是钢的5~7倍，也就是说，碳纤维材料坚固程度远超钢铁。

碳纤维材料看似简单，但其制造工艺却十分复杂，涉及化工、纺织、材料、高端装备等多个领域，整个生产工艺流程需要对温湿度、浓度、黏度、流量等上千个参数进行高精度控制，一个环节出现差错就会影响碳纤维成品的性能和稳定性，远比一般材料生产工艺复杂。正因为碳纤维材料制造技术难度大、实用价值高，故被业界誉为"黑色黄金"。

碳纤维及其复合材料真正迎来研究、生产和应用的"井喷"阶段，是在20世纪50年代之后。1959年，美国帕尔马技术中心的科学家加利·福特（Curry E. Ford）和查尔斯·米切尔（Charles V. Mitchell）发明了3 000 ℃高温下热处理人造丝制造碳纤维的工艺技术，生产出了当时强度最高的商业化碳纤维。随后，美国空军材料实验室很快就采用这种人造丝基碳纤维作为酚醛树脂的增强体，研制了用于航天器热屏蔽层的复合材料。其作用是返回大气层时，导弹或火箭壳体与大气剧烈摩擦，表面形成高温，酚醛树脂吸热后缓慢分解，碳纤维使酚醛树脂不被烧毁，保证弹箭完成大气层中的行程。同时，直径只有头发丝几分之一的碳纤维与树脂、陶瓷、金属等基体材料经过特殊工艺复合后，即可获得性能优异的碳纤维复合材料，可广泛用于航空、航天、能源、交通、军用装备等众多领域，是国防军工和民用生产生活的重要材料。1963年，碳纤维增强树脂复合材料技术研究取得实质性突破，复合材料技术跨入"先进复合材料"时代。

日常，人们接触最多的碳纤维及其复合材料产品是碳纤维自行车，主要借助了碳纤维材料没有塑性形变的特性，不但减轻了车身质量，更大大提升了自行车的使用寿命。和传统普通的自行车相比，用碳纤维制造的自行车不仅外观时尚新颖，而且还具有抗老化、减震效果好、安全性能高等优点，一辆用碳纤维制造的自行车质量只有8千克左右，使用起来非常轻便灵活，只不过价格要比普通自行车贵一点。另外，碳纤维复合材料在高尔夫球杆、网球拍、钓鱼竿、赛车、滑雪板等高档文体用品中广泛应用，碳纤维复合材料制作的高尔夫球杆比金属杆减重近50%（图5-2）。

未来，随着现代信息化战争对高技术装备的要求越来越高，也将对碳纤维及其复合材料的性能提出更高的要求。因此，开发和生产低成本、高性能碳材料，已逐步成为世界各军事大国比拼科技水平和尖端技术的重头

图5-2 碳纤维及碳纤维应用产品

戏。我国为适应国防建设发展需要，也已将碳纤维及其复合材料列为国家重点支持和发展的战略性材料。业界专家认为，只有重点突破碳纤维及其复合材料等一批事关国家安全利益的关键新材料，才能真正意义上实现中华民族伟大复兴的中国梦。

2. 新型玻璃纤维：可以"上天入地"的新材料！

玻璃纤维（glass fiber）是一种性能优异的无机非金属材料，是以高岭土、叶蜡石、石英砂、石灰石等天然矿石为原料，按一定的配方，经高温熔制、拉丝、络纱等数道工艺制造而成，其单丝的直径为几微米到二十几微米，相当于一根头发丝的1/20~1/5，每束纤维原丝都由数百根甚至上千根单丝组成（图5-3）。玻璃纤维种类繁多，优点是绝缘性好、耐热性强、抗腐蚀性好、机械强度高，缺点是性脆、耐磨性差。

图5-3 玻璃纤维及其生产原料

那么，坚硬的石头怎么变成细如发丝的纤维？好浪漫的创意，又神奇得像魔术，到底是怎么实现的呢？

玻璃纤维最初也是由国外引进。20世纪20年代末，美国经济出现大萧条，然而就在大萧条爆发之前，美国政府出台了一条奇葩法令：禁酒令，一禁就是14年，贯穿整个大萧条始终，酒瓶生产商纷纷陷入困境。欧文斯伊利诺斯公司是当时美国最大的玻璃瓶制造商，也只能眼睁睁看着一个个玻璃熔炉被熄火。这时一位贵人——Games Slayter，他偶然经过一台玻璃熔炉，发现一些溢出的液态玻璃被吹成纤维状。Games好像牛顿被苹果砸中脑袋，玻璃纤维从此登上了历史舞台。一年后，第二次世界大战爆发，常规材料匮乏，为满足军用战备的需求，玻璃纤维成为替代品。人们渐渐地发现这种年轻的材料有质量轻、强度高、绝缘性好、保温、隔热等一系列优点。于是，坦克、飞机、武器、防弹衣等都用上了玻璃纤维材料。

　　玻璃纤维的生产工艺主要有坩埚拉丝法和池窑拉丝法（图5-4）。早期玻璃纤维的生产工艺是坩埚拉丝法，其中陶土坩埚法已被淘汰，代铂坩埚法则需两次成型，首先把玻璃原料经过高温熔制成玻璃球，然后将玻璃球二次熔化，高速拉丝制成玻璃纤维原丝。这种工艺具有能耗高、成型工艺不稳定、劳动生产率低等弊端，目前这种生产方式基本已经被淘汰，只有少量特殊成分玻璃纤维材料还在沿用。如今大型玻璃纤维材料生产厂家均采用池窑拉丝法——将各种原料在窑炉中熔化后，直接经通路至专用漏板，拉制出玻璃纤维原丝。这种一次成型方法具有能耗低、工艺稳定、产量质量提高等优点，使玻璃纤维工业迅速实现了规模化生产，被业界誉为"玻璃纤维工业的一次技术革命"。

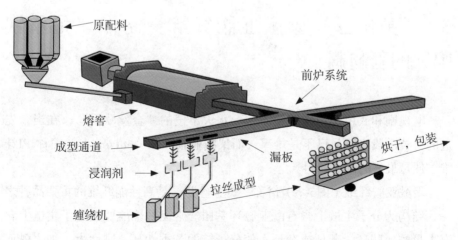

图5-4　池窑拉丝法生产工艺示意

玻璃纤维是替代钢材、木材、石材等传统材料的新一代复合材料，是国家战略性新兴产业，对国家经济发展与转型升级有着重要意义。如今，玻璃纤维及其复合材料的应用已经被拓展到了各行各业。它"上天入地，无所不能"，在航空航天和交通运输领域，可以用来制作飞机雷达罩、发动机零件、机翼部件及其内饰材料、汽车车身、汽车座椅及高铁车身/结构、船体结构等；它"上得了厅堂，下得了厨房"，在节能环保和体育休闲领域，可以用来制作风电叶片和机组罩、空调排风扇、土木格栅，以及高尔夫球杆、乒乓球拍、羽毛球拍、船桨桨板、滑雪板等；它"能粗能细，灵活切换"，在建筑和电子信息领域，可以制作复合材料墙体、保温纱窗、FRP钢筋、桥梁梁体、高速公路路面、化工容器、防腐格栅、防腐管道等。

总而言之，玻璃纤维是一种性能优异的无机非金属材料，已经在建筑与基础设施、汽车与交通、化工、环保、电子电气、船舶与海洋等国民经济各个领域大展拳脚。长远来看，随着我国"一带一路"战略的持续推进，中东、亚太基础设施的加强和改造，对玻璃纤维的需求将日益上升，玻璃纤维行业的前景仍然乐观，尤其是随着玻璃纤维的应用领域逐步扩展到风电市场，未来玻璃纤维产品作为新材料在国内的应用领域将会越来越宽广，市场仍然具有非常大的发展空间。

3. "黄金丝"聚酰亚胺纤维：制作"金丝软甲"的新材料！

电视剧和武侠小说中刀枪不入、水火不侵的"金丝软甲"，在当今先进的科技手段之下早已不是难事，而聚酰亚胺纤维（polyimide，简称 PI纤维）便是最好的制作材料。

聚酰亚胺纤维（图5-5）俗称"黄金丝"，是高性能纤维的重要品种之一，结构为分子主链上含有酰亚胺环基团。常见的聚酰亚胺分子主链上含有大量酰亚胺环、芳环或杂环，使分子链的芳香性高、刚性大，加之酰亚胺环上的氮氧双键键能非常高，芳杂环产生的共轭效应使分子间作用力较大。聚酰亚胺纤维理论纤维模量可达410 GPa，仅次于碳纤维，拉伸强度优于Kevlar49芳纶纤维，且拥有更高的模量，几乎与超级纤维PBO相当，并同时具有高强高模、耐高温的特性。

图5-5 聚酰亚胺长丝

20世纪60年代，美国杜邦公司最先开始PI纤维的相关研究。但受限于当时的纤维制备技术和PI合成技术，难以实现PI纤维产业化，仅限于实验室研究。20世纪70年代，苏联报道了关于军用PI纤维的研究，生产规模较小，限于军工应用。很长一段时期内，由于PI的高成本以及其聚合、纺丝工艺落后，世界PI纤维的发展较慢。随着PI合成技术、纺丝工艺的发展，PI纤维的生产成本下降，PI纤维又逐渐成为研究热点。20世纪80年代，奥地利采用PI溶液进行干法纺丝，实现了产业化，产品名为P84，主要用于高温滤材领域，但价格昂贵，且对我国实行限量销售；随后，法国推出具有优异阻燃性能的PI纤维Kernel-235AGF，应用于安全毯、防护服、消防服等领域；20世纪90年代，俄罗斯科学家在聚合物中引入含氮杂环单元，开发的PI纤维断裂强度达到5.8 GPa，初始模量为285 GPa，极大地促进了航空航天飞行器相关行业的发展。

进入21世纪后，北京化工大学、四川大学、东华大学和中国科学院长春应用化学研究所等都对聚酰亚胺纤维进行了比较系统全面的研究，并重点关注产业化前景较好的两步法，取得了一定的实验成果。目前国内已经开发出具有自主知识产权的一体化连续制备技术，突破了传统两步法聚酰亚胺纤维纺丝技术瓶颈，通过结构设计，不仅实现了聚酰亚胺纤维的高强高模化，而且实现了产品系列化。

基于PI纤维的性能优势，以及我国在PI原料生产技术方面的优势，PI纤维在工业除尘和航空航天领域的应用具有广阔的前景。目前，在工业除尘领域，袋式除尘可以采用多种过滤材料，PI纤维的优异性能决定了它是目前袋式除尘材料的最佳选择。PI纤维的高强高模和不规则的截面结构特点，能够充分保障滤料的过滤效率和捕集尘粒的能力，延长其使用寿命，减少更换次数，大大降低成本。在航空航天领域，随着飞行器轻质高强的要求日益提高，特种纤维材料的需求量逐渐增大。俄罗斯已将PI纤维应用于航空航天中的轻质电缆护套、耐高温特种编织电缆、高比强度绳索、宇航服、防护服等。此外，PI纤维在结构及复合材料方面也都有广泛应用，比如高性能绝热材料、绝缘材料、高性能橡塑增强材料。将聚酰亚胺纤维做成纸，可以做高性能绝缘纸，用于高等级电机绝缘；做成蜂窝芯，可以用来制造轻质复合材料（图5-6）。

图5-6 聚酰亚胺纱线、绳索及压力容器

近年来，国内外对聚酰亚胺的研究和应用进展迅速，并取得了丰硕的成果，同时也给聚酰亚胺产业带来了丰厚的利润。而聚酰亚胺新材料，也越来越引起人们的重视。目前，我国在聚酰亚胺纤维的研发及制备工艺水平领先全球，但仍有很多工作需要进行，如性能的进一步提升和稳定化、规模的进一步扩大和低成本化等，同时还要加强应用基础研究，利用聚酰亚胺结构的可设计性及性能的可调控性，研究和开发功能型聚酰亚胺纤维，从而满足国防军工及民用不同领域的应用需求。

4. 芳纶纤维：不惧火、不畏高温的防护"战士"！

2017年，上海某仓库突发大火，仓库中的货物几乎完全焚为灰烬。而就在这一堆废墟中，保险公司的人员惊讶地发现，大量杜邦Kevlar纱线虽然被熏黑，但却依然完整，没有被大火焚毁。其中的纸卷筒芯也依然完好，其下的木质托盘竟也得以保留下来（图5-7）。究其

图5-7　大火"洗礼"后的芳纶纤维纱线

原因，杜邦Kevlar芳纶纤维除了拥有非常卓越的耐磨性和强度外，同时也具有出色的阻燃、耐高温特性。

芳纶纤维究竟是何方神圣，又到底能耐受多高的温度呢？芳纶纤维诞生于20世纪60年代末，最初作为宇宙开发材料和重要的战略物资而秘不示人，平添了许多神秘色彩。冷战结束后，芳纶作为高技术含量的纤维材料大量用于民用领域，才逐渐露出庐山真颜。芳纶的全称是"芳香族聚酰胺纤维"（aramid fibers），是一类新型的特种用途合成材料。因为构成纤维的高聚物长链分子中含有酰胺基，所以与锦纶一样，同属于聚酰胺类纤维。不同的是，构成锦纶的高聚物大分子中连接酰胺基的是脂肪链，而芳香族聚酰胺纤维中连接酰胺基的是芳香环或芳香环的衍生物，所以把这类纤维统称为芳香族聚酰胺纤维，简称芳纶。芳纶纤维主要分为两种：对位芳酰胺纤维（PPTA）和间位芳酰胺纤维（PMIA）。其中，间位芳酰胺纤维主要以芳纶1313为代表，有"防火纤维"之美称。对位纤维以芳纶1414为代表，有"防弹纤维"之美称。

芳纶1313（图5-8）最早由美国杜邦公司研制成功，并于1967年实现了工业化生产。芳

图5-8　芳纶1313

纶1313最突出的特点就是耐高温性能好，可在220 ℃高温下长期使用而不老化，其电气性能与机械性能的有效性可保持10年之久，而且尺寸稳定性极佳，在250 ℃左右的热收缩率仅为1%，短时间暴露于300 ℃高温中也不会收缩、脆化、软化或者融熔，只在370 ℃以上的强温下才开始分解，400 ℃左右开始碳化。如此高的热稳定性在目前有机耐温纤维中是绝无仅有的。

用芳纶1313制作的特种防护服，遇火时不燃烧、不滴熔、不发烟，具有优异的防火效果。尤其在突遇900~1 500 ℃的高温时，布面会迅速碳化及增厚，形成特有的绝热屏障，保护穿着者逃生。若加入少量抗静电纤维或芳纶1414，可有效防止布料爆裂，避免雷弧、电弧、静电、烈焰等危害。用芳纶1313有色纤维可制作飞行服、防化作战服、消防战斗服及炉前工作服、电焊工作服、均压服、防辐射工作服、化学防护服、高压屏蔽服等各种特殊防护服装，用于航空、航天、军服、消防、石化、电气、燃气、冶金、赛车等诸多领域。除此之外，在发达国家，芳纶织物还普遍用作宾馆纺织品、救生通道、家用防火装饰品、熨衣板覆面、厨房手套以及保护老人儿童的难燃睡衣等。

几乎与芳纶1313的发明同步，杜邦公司在20世纪60年代末研制出另一种高性能合成纤维——芳纶1414（图5-9），其商品于1972年首次问世。芳纶1414外观呈金黄色，貌似闪亮的金属丝线，实际上是由刚性长分子构成的液晶态聚合物。由于其分子链沿长度方向高度取向，并且具有极强的链间结合力，从而赋予纤维空前的高强度、高模量和耐高温特性。芳纶1414的发现被认为是材料界发展的一个的重要里程碑。芳纶1414有极高的强度，是优质钢材的5～6倍，模量是钢材或玻璃纤维的2～3倍，韧性是钢材的2倍，而重量仅为钢材的1/5。芳纶1414的连续使用温度范围极宽，在−196~204 ℃范围内可长期正常运行。在150 ℃下的收缩率为0，在

图5-9　芳纶1414

560 ℃的高温下不分解不熔化，耐热性更胜芳纶1313一筹，且具有良好的绝缘性和抗腐蚀性，生命周期很长，因而赢得"合成钢丝"的美誉。

　　芳纶1414首先被应用于国防军工等尖端领域。为适应现代战争及反恐的需要，美、俄、英、德、法、以色列、意大利等许多国家军警的防弹衣、防弹头盔、防刺防割服、排爆服、高强度降落伞、防弹车体、装甲板等均大量采用了芳纶1414。除了军事领域外，芳纶1414已作为一种高技术含量的纤维材料被广泛应用于航天航空、机电、建筑、汽车、海洋水产、体育用品等国民经济各个方面。

5. 超高分子量聚乙烯纤维，你了解多少？

　　超高分子量聚乙烯纤维简称UHMWPE纤维（图5-10），又叫高强PE纤维，其分子量在150万~800万之间，是普通纤维的数十倍，这也是它名字的由来。UHMWPE纤维是当今世界三大高科技纤维之一，也是世界上最坚韧的纤维，其强度是钢铁的15倍，比碳纤维和芳纶1414还要高2倍，是目前制造防弹衣的主要材料。

图5-10　UHMWPE纤维

　　UHMWPE纤维具有无可比拟的性能优势，目前还没有一种单纯的高分子材料兼有如此众多的优异性能，有"塑料之王"的美誉。UHMWPE纤维质轻，密度只有0.97 g/cm³，具有很强的化学惰性，强酸碱溶液及有机溶剂对其强度没有任何影响。而且具有极好的耐气候老化性，抗紫外线，经过日晒1 500小时后，纤维强度保持率仍然高达80%。在液氦温度（-269 ℃）下仍具有延展性，在液氮中（-196 ℃）能保持优异的冲击强度，这一特性也是其他塑料望尘莫及的。另外，UHMWPE纤维的耐磨耐弯曲性能、张力疲劳性能也是现有高性能纤维中最强的，具有突出的抗冲击和抗切割韧性。一根只有头发四分之一粗的UHMWPE纤维，用剪刀基本剪不断。与其他工程塑料相比，主要存在耐热性、刚度和硬度偏低等不足，但可以通过"填充"和"交联"等方法来改善。

关于超高分子量聚乙烯纤维的基础理论，早在20世纪30年代就有人提出过。然而，真正在技术上取得重大突破的是凝胶纺丝法和增塑纺丝法。20世纪70年代，英国利兹大学首先研制成功分子量为10万的高分子量聚乙烯纤维。1975年，荷兰帝斯曼公司利用十氢萘做溶剂发明了凝胶纺丝法，成功制备出了UHMWPE纤维，并于1979年申请了专利。此后经过十年的努力研究，证实凝胶纺丝法是制造高强聚乙烯纤维的有效方法，具有工业化前途，而且其原材料取得容易，生产成本低廉，UHMWPE纤维立即引起世界工业强国的注意。

由于UHMWPE纤维具有众多的优异特性，在高性能纤维市场上，包括从海上油田的系泊绳到高性能轻质复合材料方面均显示出极大的优势，在现代化战争和航空、航天、海域防御装备等领域发挥着举足轻重的作用，尤其在军事领域的应用尤为突出。在航天工程中，由于UHMWPE纤维复合材料质轻、强度高和抗冲击性能好，适用于各种飞机的翼尖结构、飞船结构、浮标飞机、减速降落伞等。在民用领域，用UHMWPE纤维制成的绳索、缆绳、船帆和渔具适用于海洋工程，在自重下的断裂长度是钢绳的8倍，是芳纶的2倍。在工业应用中，UHMWPE纤维及其复合材料可用作耐压容器、传送带、过滤材料、汽车缓冲板等。在体育用品上已经制成安全帽、滑雪板、帆轮板、钓竿、球拍及自行车、滑翔板、超轻量飞机零部件等，其性能优于传统材料。在医学方面，用于牙托材料、医用移植物和整形缝合等领域，已作临床应用。

目前，我国国产UHMWPE纤维的强度已经达到荷兰最高等级产品的水平，而成本要远低于荷、美、日的同类产品。UHMWPE防弹衣（图5-11）技术指标在同类产品中达到了国际先进水平，其中最高规格的防弹衣可以挡住机枪子弹在7米的距离射击，而这个距离的机枪杀伤力可以击穿20 mm厚

图5-11 国产UHMWPE纤维防弹衣

的钢板。另外，国家在"十一五"《纺织工业科技进步发展纲要》中重点将UHMWPE纤维产业化研发列为纺织行业重点突破的28项关键技术之首。未来，随着超高分子量聚乙烯纤维在我国实现规模化工业生产，以及生产成本和产品价格的下降，必将迅速带动中国在其国防和民用应用领域的研究和发展，尤其是在民用领域（绳缆、远洋渔网、海上养殖、劳动防护类），应用范围将不断扩展，社会惠及面越来越广，市场需求保持旺盛增长。

6. 玄武岩纤维："点石成金"的新材料！

"点石成金"曾是一种神话，一种比喻，如今这种梦想已经成真，人们用普通的石头——玄武岩，拉丝并制作出各种高级产品就是最典型的事例。在普通人眼里，玄武岩通常是公路、铁路、机场跑道所需的建筑

石材，却很少有人知道，玄武岩还可抽丝制成绿色环保的高性能纤维产品（图5-12），让"点石成金"的传说成为现实。

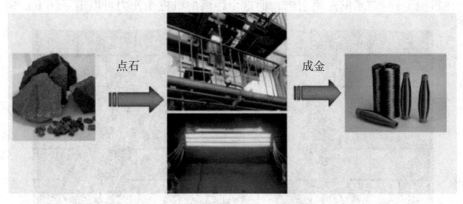

点石　　　成金

图5-12　"点石成金"的玄武岩纤维

玄武岩纤维是一种无机硅酸盐，是在火山和熔炉里经过千锤百炼，从坚硬的岩石变成柔软的纤维。玄武岩纤维材料具有耐高温（＞880 ℃）、耐低温（＜-200 ℃）、热传导系数低（隔热）、隔声、阻燃、绝缘、吸湿性低、抗腐蚀、抗辐射、断裂强度高、伸长率低、弹性模量高、质量轻等优异性能和优良的加工性能，完全属于全新的材料，且在正常生产加工过程中不产生有毒物质，无废气、废水、废渣排放，因而被称为21世纪无污染的"绿色工业材料和新材料"。

众所周知，地壳由火成岩、沉积岩和变质岩组成，而玄武岩就是火成岩中的一种，是由地下岩浆喷出在地表冷凝后形成的岩石，具有天然的化学稳定性。另外，玄武岩矿石是富集的、熔融的和质量均匀的单组元原料。所以，玄武岩纤维的生产原料是天然且现成的。从1840年英国威尔士人成功试制玄武岩岩棉，人类便开始了对玄武岩材料的探索和研究，到20世纪60年代，苏联玻璃钢与玻璃纤维科研院乌克兰分院根据苏联国防部的指令，着手研制玄武岩连续纤维，并于1985 年实现了玄武岩连续纤维工业化生产。苏联解体后，设在基辅的研究和生产单位归属乌克兰，这样，当今世界掌握玄武岩纤维生产技术的国家主要源于乌克兰和俄罗斯。近年来，美国、日本、德国等一些科技发达国家都加强了对这一新型非金属无机纤维的研究和开发，并取得了一些新成果，但能上规模生产的国家屈指可数，其产品远远满足不了社会的需求。我们国家从"八五"计划开始关注玄武岩连续纤维的研制工作，有关方面对玄武岩材料给予了重视，特别是一些有远见的企业家预感到这项事业的远大前景，纷纷关心乃至投入力量开展这项工作，全国相继建立了相关的研究机构或生产厂家，有的已生产出初级产品，为中国玄武岩纤维材料的发展奠定了一定的基础。

目前，玄武岩纤维已被应用于建筑工程、防火隔热等多个领域。在防火隔热领域，近些年，绿色防火隔热材料逐渐受到人们的热捧。玄武岩纤维作为绿色材料，同时具备质轻、防火、隔热、美观等特点，成了防火隔热的首选材料。在汽车领域，玄武岩纤维不仅强度高、热稳定性好、不易损伤对耦、磨损低、摩擦系数稳定，而且价格适宜。玄武岩纤维应用于摩擦增强材料既有利于增加汽车摩擦材料的寿命，提高摩擦材料的使用温度，又能解决当前摩擦材料存在的各种不利因素，有利于解决传统汽车制动器出现的热衰退现象，进而减少交通事故的产生。在建筑工程领域，玄武岩纤维增强混凝土复合材料，保留了混凝土抗压强度高等优点，同时增加了材料的抗拉、耐磨和抗冲击等性能，在混凝土工程中起到加固补强、增强增韧、延长使用寿命等作用（图5-13）。

图5-13 玄武岩纤维的应用领域

7. 纤维增强复合材料：材料界的"新宠"！

2018年，苹果公司举行iPhone X 发布会时，刚刚落成的乔布斯剧院吸引了全世界的关注，刷爆了朋友圈。剧院的整个地上结构除了科技感十足的玻璃之外，舒展轻盈的屋顶也是其一大亮点，而制作这个屋顶的材料正是纤维增强复合材料（图5-14）。整个碳纤维屋顶直径约47 m，但自重仅80 t，折合每平方米平均重46 kg，仅相当于约6 mm厚的钢板。如此惊人的减重效果，才使得屋面承重于周边结构玻璃成为可能，造就了令人惊叹的空间效果。

图5-14　乔布斯剧院纤维增加复合材料屋顶

纤维增强复合材料（fiber reinforced polymer /plastics，简称FRP），由纤维材料与基体材料经过缠绕、模压或拉挤等成型工艺而形成的复合材料。常用的增强纤维材料有碳纤维、玻璃纤维、芳纶纤维，基体材料有环氧树脂、乙烯基酯树脂、不饱和聚酯树脂等。由微观到宏观，由极细的纤维丝按一定方向排列或编织为板、布等形式，再与基体材料胶结后形成纤维增强复合材料制品。

纤维增强复合材料具有一系列的优良性能。如FRP本身密度低，仅为1.4~2.1 kg/m³，为钢的1/6~1/4，比铝还轻，而FRP的强度/质量比通常可达钢材的4倍以上，应用于大跨结构中时，极大地减轻结构自重，同时也能够符合航空、航天结构设计对材料的重量要求。而且FRP材料的力学性能可以设计，即可以通过选择合适的原材料和合理的铺层形式，使复合材料构件或复合材料结构满足使用要求。FRP的生产制作工艺包括拉挤、缠绕、手糊、喷射成型等多种方式，不仅可规模化生产形状规则的FRP制品，更可制作出几乎任意形状的板材用于构筑非线性工艺造型。另外，在纤维增强复合材料的基体中有成千上万根独立的纤维。当用这种材料制成的构件超载并有少量纤维断裂时，载荷会迅速重新分配并传递到未破坏的纤维上，因此整个构件不至于在短时间内丧失承载能力。

纤维增强复合材料自20世纪40年代问世以来，最先被应用于航空航天、国防军工等领域。比如波音787和空客350等客机制造材料中，纤维增强复合材料的使用比例均超过50%（质量分数），高于钢、铝、钛等金属及其合金。随着科技的进步和发展，材料制备成本也逐渐降低，纤维增强复合材料也逐渐开始走入人们的日常生活，常用的有玻璃纤维增强复合材料GFRP（俗称玻璃钢）、碳纤维增强复合材料CFRP。GFRP多用于景观雕塑、座椅、垃圾桶、储料罐等，可用于游艇、汽车、自行车、体育休闲器具等。

在建筑领域，纤维增强复合材料于20世纪60年代便开始应用，到90年代，随着纤维复合材料加固钢筋混凝土结构技术的兴起，工程界才逐渐认可这种新型材料。过去，建筑师一直使用木材、石头、钢铁、混凝土等传统的建筑材料，现代社会对建筑的功能性和审美性更为关注，薄壳结构、悬挑结构、悬索结构、网架结构等新型结构对建筑材料提出了更高的要求。如上海迪士尼乐园——明日世界占地面积超过2 300平方米，广泛的内部和外部建筑结构、座椅都是用几百种不同形状和尺寸的阻燃胶衣饰面FRP部件组成的，而且所有所需的FRP部件都是手糊成形的（图5-15）。为了确保用于迪士尼乐园的所有FRP满足国家对完全组装复合材料部件的B1级防火性等级要求，材料制造公司最终利用高性能聚氨酯丙烯酸酯，以

图5-15　上海迪士尼乐园——明日世界的FRP

三水合铝（ATH）作为辅助树脂，根据需要加入了450 g/m²的玻璃纤维短切原丝毡和450 g/m²的无捻粗纱布作为增强材料。

在汽车领域，自从1953年世界上第一部FRP汽车——GM Corvette制造成功以后，纤维增强复合材料即成为汽车工业的一支生力军。20世纪70年代开始，汽车玻璃纤维增强复合材料得到快速发展。随着环保和轻量化、节能等需求，复合材料原材料以及工艺制造和装备的不断进步，汽车复合材料构件的制造成本降低、生产效率提高，以玻璃毡增强热塑性树脂成型工艺、长纤维在线模压成型工艺、树脂注射成型工艺为代表的高性能复合材料得到了迅猛发展，主要用于汽车的车身、车身地板、车门、轮毂等结构件和半结构件。

尽管纤维增强复合材料已经在建筑、汽车领域崭露头角，并且得到了很多实际的应用，但在应用过程中仍然还存在一些问题，阻碍了纤维增强复合材料的推广。比如，在民用建筑中使用的纤维复合材料必须遵守标准和技术规范，而目前纤维增强复合材料中此类的标准文献还很少，有限的标准/技术规范还在发展中。与普通材料相比，纤维复合材料的成本相对较高，导致材料的使用具有很大的局限性等。但随着技术的不断发展，纤维增强复合材料也在逐渐更新。

尽管存在这些困难，但由于其独特的特点，一些复合材料已经被选择成为传统材料的替代品，传统的材料行业发生了翻天覆地的变化，尤其在缩短工期、减轻结构质量、提高装配化程度、提高构件质量和耐久性等方面已经显示出了巨大的潜力。此外，在今后的研究及应用过程中，纤维增强复合材料还应朝着提高生产率、绿色环保、节能减排、提高功能和质量、拓展新的应用领域的方向发展。

8. 碳/碳复合材料：最有前途的高温材料！

碳/碳复合材料（c-c composite or carbon-carbon composite material）是指以碳纤维及其织物增强的碳基体复合材料。作为增强体的碳纤维可用作多种形式和种类，既可以用短切纤维，也可以用连续长纤维及编织物。碳基体可以是通过化学气相沉积制备的热解碳，也可以是高分子材料热解形成的固体碳。碳/碳复合材料（图5-16）具有低密度（＜2.0 g/cm³）、高强度、高比模量、高导热性、低膨胀系数、摩擦性能好，以及抗热冲击性能好、尺寸稳定性高等优点，是如今在1 650 ℃以上应用的少数备选材料，最高理论温度更高达2 600 ℃，因此被认为是最有发展前途的高温材料之一。

图5-16　碳/碳复合材料制品

　　碳/碳复合材料的制备工艺主要有化学气相法和液相浸渍法。前者是以有机低分子气体为前驱体，后者是以沥青等热塑性树脂或酚醛树脂等热固性树脂为基体前驱体，这些原料在高温下发生一系列复杂化学变化而转化为基体碳。其中，化学气相法是直接在坯体孔内沉积碳，产品的物理机械陛能比较好，但生产周期较长。液相浸渍法是将碳纤维制成的预成型体浸入液态的浸渍剂中，通过固化、碳化、石墨化等一系列过程的循环，最终得到碳/碳复合材料。其中，浸渍剂的组成和结构十分重要，不仅影响致密化效率，也影响制品的机械性能和物理性能。浸渍剂的高黏度和低碳化收率是造成碳/碳复合材料制备成本较高的重要原因之一。为了得到更好的致密化效果，通常采用两种方法相结合，制备具有理想密度的碳/碳复合材料。

　　碳/碳复合材料作为优异的热结构和功能一体化工程材料，自1958年诞生以来，在军工方面得到了长足的发展，其中最重要的用途是用于制造导弹的弹头部件。由于其耐高温、摩擦性好，目前已广泛用于固体火箭发动机喷管、航天飞机结构部件、飞机及赛车的刹车装置、热元件和机械紧固件、热交换器、航空发动机的热端部件等。其中，目前，固体火箭发动机喷管和刹车盘是碳/碳复合材料的两大主要应用领域。

在固体火箭发动机喷管上的应用，碳/碳复合材料自20世纪70年代首次作为固体火箭发动机（SRM）喉衬飞行成功以来，极大地推动了SRM喷管材料的发展。采用碳/碳复合材料的喉衬、扩张段、延伸出口锥，具有极低的烧蚀率和良好的烧蚀轮廓，可大大提高SRM的比冲，喷管效率可提高1%～3%。在刹车领域，碳/碳复合材料刹车盘的实验性研究于1973年第一次用于飞机刹车。目前，一半以上的碳/碳复合材料用作飞机刹车装置（图5-17）。碳/碳复合材料制作的飞机刹车盘重量轻、耐温高、比热容比钢高2.5倍；同金属刹车材料相比，可节省40%的结构质量，使用寿命可提升5～7倍，刹车力矩平稳，刹车时噪声小。因此，碳刹车盘的问世被认为是刹车材料发展史上的一次重大的技术进步。

图5-17　碳/碳复合材料刹车盘

碳/碳复合材料自20世纪60年代发明以来，就受到军事、航空航天、核能以及许多民用工业领域的极大关注。然而，由于碳/碳复合材料制造工艺复杂、技术难度大，原材料价格昂贵，产品成本长期居高不下，其用途仍然限制在一些工作条件苛刻的部位，以及其他材料不能替代的航空航天和军事领域。目前在碳/碳复合材料研究领域，最需要解决的问题是：研究高效、低成本、快速制备工艺方法；研究能在1 800 ℃以上长期使用的抗氧化涂层；研究高性能耐烧蚀碳/碳复合材料并应用于固体火箭喉衬材料；改进碳/碳复合材料的摩擦磨损性能，使之更加满足于刹车材料的应用。

第六章

前沿新材料

1. 纳米材料到底是什么材料？

纳米材料的使用古已有之。据研究，中国古代字画之所以能历经千年而不褪色，就是因为所用的墨是由纳米级的炭黑组成。而中国古代铜镜表面的防锈层，也被证明是由纳米氧化锡颗粒构成的薄膜。只是当时还没有纳米这个概念，人们没有刻意研究纳米材料而已。

近现代历史中，纳米材料的发展要从美国天才物理学家理查德·费曼的一次演说说起。1959年，费曼在加州理工学院举行的美国物理学会年会上发表了一次经典演讲《在物质底层还有很大空间》，并设问"如果我们可以随心所欲地排列原子，物质将会具有哪些性质？"费曼认为，如果我们能够用宏观的机器来制造比其体积小的机器，而这小的机器又可制作更小机器，这样一步步达到单个分子的尺寸，那将会诞生奇迹般的新科学领域，带来一场伟大的技术革命。正是费曼这个天才的预见拉开了纳米材料和纳米技术研究的序幕，今天纳米材料科学的飞快进展也正在把这个预言化为现实。

纳米材料到底是什么材料呢？目前，公认的纳米材料是从材料的尺寸大小来定义的。纳米（nm）是一种量度单位，1 nm= 10^{-9} m，即4~5个原子排列起来的长度，相当于头发丝直径的十万分之一。通俗一点来说，就像厘米、毫米、微米一样，纳米是一个尺度概念，并没有真正的物理内涵。

狭义上，纳米材料是由纳米颗粒、纳米线、纳米片等微小物质单元所构成的固态材料，其中物质的特征尺寸最多不超过100 nm。广义上，纳米材料是指微观结构在至少一个维度方向上在纳米尺度（1~100 nm）之内的各种固态超细材料（图6-1）。像碳元素的碳60分子（零维纳米材料）、碳纳米管（一维纳米材料）、石墨烯（二维纳米材料）、有序介孔碳（三维纳米孔材料）等，都是纳米材料的典型代表。纳米材料不仅包括纳米微粒及其组成的纳米块体、纳米薄膜等，还包括纳米组装体系，也就是说除了包括纳米微粒实体的基本单元，还包括了支撑它们的具有纳米尺度空间的载体材料。

与常规的宏观大块材料相比，纳米材料的明显特点是尺寸微小、结构细化、性能改变。纳米材料的独特性来源于它们非常细微的尺寸。在这样一个

图6-1 纳米材料原子结构

非常微小的尺寸范围内，对于材料的物理性质，经典牛顿力学规则将不再适用，取而代之的是量子力学规则。这使得纳米材料具有许多既不同于宏观物体、也不同于单个原子或分子的奇妙性质。从量子力学来解释，导致纳米材料产生奇异性能的主要物理效应有：表界面效应、量子尺寸效应、量子限域效应、库伦阻塞与单电子隧穿效应等，这些效应使纳米材料的力、热、光、电、磁等方面的物理性质与常规材料截然不同，出现了许多新奇的特性，比如产生力学超塑性和超延展性、金属熔点降低、光吸收显著增强、半导体的能隙变宽、磁性改变等。

随着对纳米材料的基础研究日趋深入、系统，对纳米材料的各种功能、机制的理论研究已经得到了发展和完善。经过几十年对纳米技术的研究探索，现在科学家已经能够在实验室操纵单个原子，纳米技术有了飞跃式的发展。目前，已经产生了很多具有极大实用价值的纳米材料体系，大大改善了现有材料的性能。人们已经能够精确制备仅仅包含几十个原子的纳米微粒，并把它们作为基本结构单元，适当排列形成零维的原子点、一维的量子线、二维的量子薄膜和三维的纳米固体，创造出组成相同、性能却迥异的各种纳米材料。这对生产力的发展将产生深远影响，并有可能从技术上解决某些人类在能源、交通、环保及健康等方面所面临的一系列重大问题。

比如在高强度力学材料方面，纳米铜或纳米银材料比常规材料的硬度高50倍，屈服强度高12倍。纳米陶瓷材料具有比常规陶瓷更高的理化性能，纳米碳化硅的断裂韧性比常规材料提高100倍，可制造"摔不断、掰不折"

的陶瓷刀。在热学性质方面，通过在PTC陶瓷材料上添加少量纳米二氧化钛颗粒，可以降低烧结温度，提高致密度，大大改善了PTC陶瓷的性能。再比如，通过在氧化铝陶瓷材料中加入3%~5%的纳米氧化铝粉末，热稳定性提高了2~3倍，热导系数提高10%~15%。在光电器件方面，基于硅纳米材料的光电检测器、用氮化镓纳米薄膜制备的LED灯、以及用不同纳米尺度的CdSe量子点制作的大面积显示屏等，都已经是成熟的技术。

根据纳米材料对电磁波的强吸收特性，还可以设计静电屏蔽涂层、高介电绝缘涂层、紫外减反射涂层等各种重要的功能涂层。在微电子信息产业，纳米技术的应用为电子信息产业超越"摩尔定律"的发展带来希望。通过利用具有量子效应的纳米信息材料，可以制备纳米金属氧化物半导体场效应管，甚至以碳纳米管和石墨烯构成碳基集成电路，克服以强场效应、量子隧穿效应等为代表的物理限制，和以光刻沟道宽度极限、功耗、互联延迟等为代表的技术限制，制造出基于量子效应的新型纳米器件和制备技术。用于集成电路的单电子晶体管、记忆及逻辑元件、分子化学组装计算机将投入应用；分子、原子簇的控制和自组装、量子逻辑器件、分子电子器件、分子马达、纳米机器人等将被制造出来。在未来，纳米技术将提供不同于传统计算机芯片、微电子器件和集成电路的全新功能，这将是对信息产业和其他相关产业的一场深刻的技术革命。

纳米技术在生物医学、药学、人类健康等生命科学领域也有重大应用。在纳米生物材料、微细加工、光学显示、生物信息、集成生物化学传感器、分子生物学等技术积累的基础上，发展生物芯片技术、新型生物分子识别的专家系统、临床疾病检测系统、药物筛选系统和生物工业活性监测系统等实用化技术，具有重要的社会与经济前景。

我国著名科学家钱学森在1991年也曾预言"纳米左右和纳米以下的结构将是下一阶段科技发展的重点，会是一次技术革命，从而将是21世纪又一次产业革命"。当前，纳米材料及技术的应用越来越广泛，已经初具规模，成为人们关注的热点。纳米技术的应用研究正在半导体芯片、光电新材料、疾病诊断和生物分子检测等众多领域高速发展。纳米技术的突破将全面地改变人类的生存方式，它所带来的经济价值也是难以估量的。纳米技术的应用，也将成为21世纪技术水平增长的一个主要发动机。

2. 铅笔中发现的石墨烯真的有那么牛吗?

碳是组成地球上所有生物体的最基本元素，很早就被人类认识和利用，其存在形式也是多种多样，有晶态单质碳如金刚石和石墨，有无定形碳如炭黑和木炭，有复杂的有机化合物如动植物等。有趣的是，由于原子结构不同，金刚石是地球上最坚硬的物质，而石墨则是最软的矿物之一，可以做成铅笔芯来写字。

石墨烯（图6-2）是一种非常奇妙的碳材料。简单地说，将一块石墨不断地剥离和减薄到单个原子层的厚度，就得到了一片石墨烯。通俗地讲，石墨烯就是单层石墨。这种只有一个原子厚度的"二维"层状材料，一直被认为是假设性的结构，在自然界无法稳定存在。直至2004年，两位英国科学家安德烈·海姆和康斯坦丁·诺沃肖洛夫成功地利用透明胶带，将一张纸上的铅笔笔迹进行反复粘贴和撕开，从石墨中剥离出石墨烯，才证实了其可以单独存在，两位科学家也因此共同获得2010年度诺贝尔物理学奖。所以，当我们日常用铅笔在纸上写字的时候，就有可能在纸上留下非常小的单层或多层石墨烯薄片。

图6-2　石墨烯

石墨烯独特的结构让它在力、热、光、电等方面具有很多优异的性能。石墨烯的特点首先是薄，堪称目前世界上最薄的材料，只有一个原子那么厚，约0.3纳米，是一张A4纸厚度的十万分之一，一根头发丝的五十万分之一。石墨烯也是最强韧的材料，它的断裂强度比最好的钢材还要高200倍，同时又有很好的弹性，拉伸幅度能达到自身尺寸的20%。可以说，它是目前自然界最薄、强度最高的材料之一。石墨烯还是传导热量的高手，比最能导热的银还要强10倍。石墨烯几乎是完全透明的，透光率高达97.7%。石墨烯也非常致密，即使是最小的气体原子（氦原子）也无法穿透。另外，石墨烯还拥有优良的电学性质，电子在石墨烯中的运行速率高达1 000 km/s，是光速的1/300，非常适合制造下一代超高频电子器件（图6-3）。

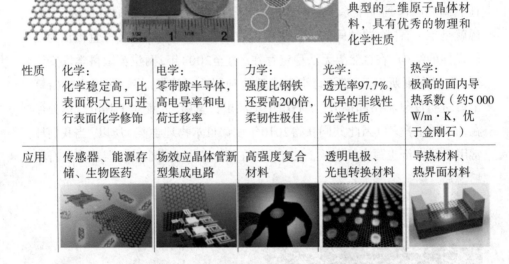

由单层碳原子的六角晶格平面组成的石墨烯是典型的二维原子晶体材料，具有优秀的物理和化学性质

性质	化学：化学稳定高，比表面积大且可进行表面化学修饰	电学：零带隙半导体，高电导率和电荷迁移率	力学：强度比钢铁还要高200倍，柔韧性极佳	光学：透光率97.7%，优异的非线性光学性质	热学：极高的面内导热系数（约5 000 W/m·K，优于金刚石）
应用	传感器、能源存储、生物医药	场效应晶体管新型集成电路	高强度复合材料	透明电极、光电转换材料	导热材料、热界面材料

图6-3 石墨烯的优良性质与应用前景

从发现到现在短短十余年的时间内，石墨烯材料已取得了许多振奋人心的研究成果，称得上是人类历史上从发现到批量生产和应用最快的材料。石墨烯改性塑料和橡胶具有很好的耐磨、增韧、耐腐蚀、导电性和导热性，可用于交通、环保节能等多个领域。石墨烯和高分子的复合薄膜具有良好的阻氧阻水性能，可提高食品保质期；石墨烯热电薄膜和石墨烯复合纤维可用于智能保暖衣物和医疗保健用品；利用石墨烯开发出的新型电池，可以将充电时间从十几小时压缩至几十分钟，使用寿命比锂电池还长；石墨烯超级电容器用于有轨电车主驱动的单次充电时间仅需30 s，行驶里程可达6 km，比有轨电车节能30%以上。在未来，无论是可以弯折的柔性显示屏，还是能够紧

密贴合人体的可穿戴电子设备，都可能通过石墨烯来得以实现。另外，当水滴在石墨烯表面滚动时，其细微的运动能产生持续的电流，使得石墨烯薄膜在生物检测、光电探测方面可以大显身手。

石墨烯所带来的技术变革可以对我们生活的各个方面都产生积极的影响，努力开拓石墨烯在化工、材料、制造、能源、传感、光电信息、医疗健康等领域的应用，将会带来巨大的经济和社会效益。但总体来说，石墨烯应用技术的成熟度仍然比较低，仍然受材料制备技术、微纳米加工技术和微型器件制造等方面因素的限制，尤其是大批量制备高品质石墨烯原料的技术难点还没有从根本上解决。不过近几年来石墨烯的可控低成本制备技术已取得了很多突破性进展，有望在不久的将来形成蓬勃发展的石墨烯产业。

3. 碳纳米管：十分有个性的新材料！

飞刃是著名科幻小说《三体》中的高科技武器。据描述，它是一种高强度肉眼不可见的纳米材料，直径只有头发丝的百分之一，但韧性极强，可吊起一辆大卡车，布置到路面上可以轻松切断路过的人或者汽车。虽然这样的场景只有小说或者电影中才有，但现实中科学家也研制出了类似的材料——碳纳米管。什么是碳纳米管？简单来说，将足球挖空，保持表面的五角和六角网格结构，再沿着一个方向扩展六角网格，并赋予平面网格以碳–碳原子和共价键，就形成了具有中空圆柱状结构的碳纳米管。碳纳米管是迄今发现的力学性能最好的材料之一，其单位质量上的拉伸强度是钢铁的276倍，远远超过其他材料。

碳纳米管是日本NEC公司的Iijima教授于1991首次正式命名的，是由石墨层卷曲而成的无缝纳米管状晶体（图6-4）。根据石墨层的多少，可分为单壁管、双壁管和多壁管；根据石墨"卷曲"角度不同，碳纳米管可形成椅形、Z形或手性等结构。其中，单层碳原子和多层碳原子网格卷曲而成的单壁与多壁碳纳米管，它们的直径通常分布在0.8~2 nm和5~20 nm之间，目前报道的最细碳纳米管可小至0.4 nm，而长度范围却可在几纳米到几厘米之间，最长至半米级别。因为这样大的长度与直径差异，可以将碳纳米管联想为头发丝，但实际上碳纳米管的直径只有头发丝的几万分之一。

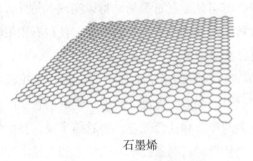
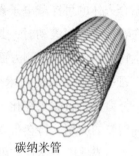

石墨烯　　　　　　　　　碳纳米管

图6-4　石墨烯与碳纳米管

碳纳米管拥有特殊的一维结构，同时可以随着碳原子排列的细微差异，表现出截然不同的性能。例如就导电性而言，碳纳米管可以是金属性的，也可以是半导体性的，甚至在同一根碳米管的不同部位，由于结构不同，也会表现出不同的导电性，而且碳纳米管的导电性与其直径和手性有密切关系，有研究表明碳纳米管的电流运载能力是铜导线的1 000倍。又如碳纳米管的力学性能，它的密度虽为钢的1/6，而强度却是钢的100倍，还有很好的柔性、回弹性和抗畸变的能力。此外，碳纳米管还有如化学稳定性好、热稳定性高、良好的轴向导热性、低温超导性、电磁波吸收特性和较好的吸附性等诸多性能，可广泛用于能源、材料、生命科学等高科技行业中。

碳纳米管在实际应用方面也卓有成绩。碳纳米管聚合物复合材料是第一个已得到工业应用的碳纳米管复合材料。由于添加了电导性能优异的碳纳米管，使得绝缘的聚合物获得优良的导电性能。实验表明，2%碳纳米管的添加量可达到添加15%碳粉及添加8%不锈钢丝的导电效果。在电化学器件领域，碳纳米管的比表面积在250~3 000 m^2/g，加之优异的导电性能和良好的机械性能，是用做制造电化学双层电容器超级电容器电极的理想材料。碳纳米管电容器电容量从微法拉级上升到法拉级，可达到每克15~200 F。在氢气存储应用领域，室温常压下，约三分之二的氢能可从碳纳米管中释放出来，而且可被反复使用。碳纳米管储氢材料在燃料电池系统中用于储氢，可取代现用高压氢气罐，提高电动汽车安全性。另外，作为一种新型的"超级纤维"材料，碳纳米管还可用作扫描隧道显微镜（STM）和原子力显微镜（AFM）的探针（图6-5）。

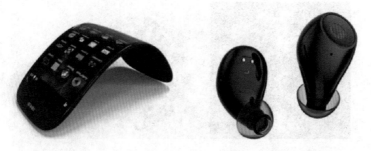

图6-5　碳纳米管柔性电子产品和碳纳米管无线耳机

　　当今国际上对碳纳米管的研究方兴未艾，在物理、化学、热学和电子学等基础领域的研究都取得了重大进展。根据权威机构IDTechEx的研究报告，碳纳米管自问世的近三十年里，从最初被大肆宣传炒作到逐渐成为学术研究热点，热度攀登顶峰后又迅速地几乎在低谷幻灭。然而近期，数据表明碳纳米管"热"又悄悄地卷土重来了，事实上行业已经进入了规模量产的新阶段。世界各国对碳纳米管的批量生产都给予了高度重视，我国近几年来也在加速研发之中，相信在不久的将来，碳纳米管产业将迎来第二波发展的浪潮。

4. 富勒烯：世界上最贵的材料！

　　有人问：世界上最贵的材料是什么？

　　钻石？黄金？答案都不对，它是富勒烯，天价原料！

　　据2015年12月9日《科技日报》报道：英国牛津大学的碳材料设计公司以2.2万英镑卖出了第一批200 μg的"内嵌富勒烯"材料，重量相当于一片雪花的十五分之一，一根头发的三分之一。折算后相当于每克富勒烯价值1亿英镑（约10亿人民币）。有媒体将之称为世界上最贵的材料。

　　那么，这么贵的富勒烯到底是何方神圣呢？富勒烯（图6-6）是继金刚石和石墨之后，碳的第三类同素异形体。C_{60}是最常见的富勒烯分子，是由60个碳原子组成的足球状分子，又称"足球烯"。1985年英国化学家R.F.Curl、H.W. Kroto和美国科学家R.E.Smalley共同发现了富勒烯C_{60}，并提出了其笼形结构；1990年，德国科学家首次合成了克级C_{60}分子，给碳化学的发

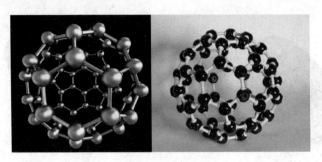

图6-6 富勒烯

展开辟了新里程。

由于C_{60}的共轭 π 键是非平面，易于发生加成、氧化等反应。此后，人们已相继发现了众多富勒烯分子，有碳原子数高于60的富勒烯分子，也有碳原子数大于100的大分子富勒烯，以及碳原子数小于60的小分子富勒烯，从而形成了较为完整、颇为壮观的富勒烯家族。C_{60}就像一棵分子圣诞树，可以用各种取代基修饰加缀，使这棵神奇的圣诞树更美丽多姿，光彩照人。1996年，瑞典皇家科学院将该年度的诺贝尔化学奖授予了R.F. Curl、H. W. Kroto和R.E. Smalley三人，以表彰他们所做出的划时代贡献。

富勒烯作为一种新型纳米碳材料，在超导、磁性、光学、催化材料及生物等方面表现出优异的性能，有极为广阔的应用前景。在功能高分子材料领域，已有研究成果表明，利用富勒烯制备的新型高分子光电导体在静电复印、静电成像以及光探测等技术中可广泛应用。在催化剂领域，将富勒烯与铂、铱结合成配位化合物，有可能成为高效的催化剂。在生物及医用材料领域，富勒烯经光激发后有很高的单线态氧的产率，可应用于光化治疗技术，也可以利用C_{60}内部中空来包裹放射性元素，用于治疗癌症，以减轻放射性物质对健康组织的损害，富勒烯的衍生物也可防治艾滋病（图6-7）。此外，将富勒烯作为固体火箭推进剂的添加剂，其衍生物可以显著提高炸药的性能。

另外，富勒烯作为抗氧化剂的应用逐渐得到业界科学家的肯定。科学研究表明：富勒烯是目前市面上最强的抗氧化成分，能像海绵般地快速将体内的自由基吸收，同时能够有效地抑制黑色素的生成。与其他成分相比，富勒烯成分可以在肌肤老化连锁反应源头就吸附、扫除自由基，降低人体的老化

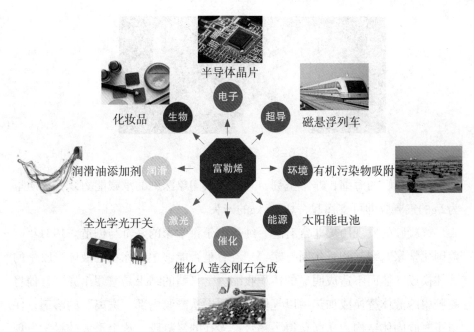

图6-7　富勒烯的应用领域

反应，且是维生素的125倍。所以利用富勒烯可以同时达到美白和防止老化的功效，改善女性最在意的细纹、松弛、暗沉、斑点等问题。

富勒烯的应用前景广阔，但目前其实际应用仍处于起步阶段，还没有真正成为商品进入市场，主要原因是目前还不能进行大规模低成本的生产，价格昂贵直接影响到富勒烯的应用和进一步开发。目前国际上对富勒烯的研发主要集中在开发使用低价原料，连续、大量生产富勒烯的技术和装置。在我国，一些科研机构和高校在富勒烯制备和应用研究方面已取得可喜成果，其中一部分具有世界领先水平。

5. 吹不散的"烟"——气凝胶材料

有一种材料，托在手上的感觉比羽毛还轻，像冻住的"雾"，像吹不散的"烟"，像固定的"空气"，能透光、隔热、隔声、不导电，它就是世界上密度最小的固体材料——气凝胶（图6-8），一种神奇的新材料。

尽管名字很特别，但气凝胶其实是一种坚固、干燥的固体多孔材料，类

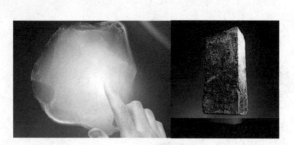

图6-8 气凝胶材料

似于一块超轻的海绵，非常坚韧，具有令人印象深刻的承载能力，一片质量为2 g的气凝胶即可支撑起一块2.5 kg的砖头。

气凝胶的发现历史非常有趣，纯粹出于科学家的好奇与创造。1931年，美国化学家塞缪尔和查尔斯打赌："看看是否能够把果冻状的液体凝胶中的液体换成气体而不造成明显的体积收缩。"打赌的结果是塞缪尔赢了，他将凝胶中的液体替换成加热后以气体形式缓慢从凝胶内部"逃离"的溶剂，保留了凝胶固体结构，从而获得了超轻、多孔的气凝胶。这个重大的科学发现大大地丰富了已有的固体材料体系。此后，氧化铝、氧化硅、氧化锡、氧化钨、明胶、琼脂、纤维素、卵蛋白等各种各样的气凝胶陆续被制备出来（图6-9）。

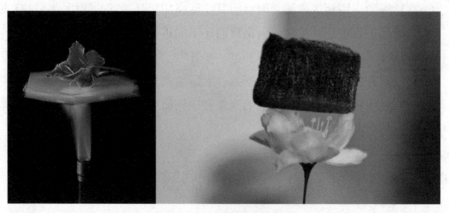

图6-9 气凝胶材料

气凝胶非常的蓬松结构几乎使得固体传热和对流传热失去了作用，所以具有很低的热导率［约5 mW/（m·K）］，仅是空气的1/5、玻璃的1/20。同时，非金属类和非碳基的气凝胶也是良好的电绝缘体，因为它们的内部99%

以上都是由空气组成的，是非常差的导电体。不过，气凝胶通常来说并不能阻挡热辐射，因为红外辐射可以较容易地穿过气凝胶来传热。另外，气凝胶的另一个特点是极强的吸湿性，高孔隙率和表面积使得它们能够吸收大量的水分或其他液体，因此可以充当强干燥剂，或者用于各种环境过滤应用。还可以通过化学处理使它们具有疏水性，用于吸附和除去在海面上泄漏的石油污染，吸油量是自身质量的几百倍。

不同组成的气凝胶具有不同的性质和功能。氧化铝气凝胶可以做催化剂，硫化物或硒化物量子点制成的气凝胶可以做半导体或显示屏，金属气凝胶可以导电，琼脂、纤维素气凝胶很柔韧，一些改性气凝胶具高强度或保温性能。而碳元素组成的气凝胶更加独特，例如石墨烯气凝胶是吉尼斯纪录中最轻的固体材料，把它放在蒲公英花朵上，柔软的绒毛几乎不会变形；碳气凝胶具有极强的吸光性，在红外光谱中非常"黑"，光线反射率仅为0.3％。

随着对气凝胶不断深入的研究，对其制备工艺和性质的了解也越来越多，使得这一类新材料的大规模制造和应用成为可能。人们最先想到的应用是在化学工业及环境保护方面，利用气凝胶极大的比表面积和孔隙率来用于催化剂载体、气体过滤，或者利用这种"超级海绵"来吸附水中的各种污染物（比如油污和重金属污染物汞、铅和镉等）。由于多孔结构和良好的生物相容性，也可以作为药物输送系统，通过改变气凝胶的性质来调整药物的释放速率。

在航天探测和高能物理方面，气凝胶有多种用途，在俄罗斯"和平"号空间站和美国"火星探路者"号探测器上都用到了这种材料。美国国家宇航局的"星尘"号飞船甚至利用它在太空中收集彗星微粒。彗星尘埃的体积比沙粒还要小，但是速度却相当于步枪子弹的6倍，当它以如此高速撞击其他物质时，自身的组成就可能发生改变甚至被完全蒸发。而气凝胶就像一个极其柔软的棒球手套，可以轻轻地消减彗星尘埃的速度，在滑行一段相当于自身长度200倍的距离后慢慢停下来，并留下一段尖锥状的轨迹，科学家可以按照轨迹轻松地找到这些彗星微粒。气凝胶也被用在粒子物理实验中，贝尔实验室的高能加速器研究机构用它来作为切连科夫效应的高能粒子探测器，主要利用高速粒子穿过气凝胶材料时会逐步减速实现"软着陆"而被捕

战略性新兴产业科普丛书 新材料

获，然后用显微镜观察被阻挡的粒子即可确定高能粒子的质量和能量。在我国"863"计划的高强度激光研究方面，也利用超低密度的气凝胶多孔靶材料，实现等离子体三维绝热膨胀的快速冷却。

气凝胶最有前景的大规模应用领域是隔热、保温和节能。硅气凝胶纤细的纳米网络结构有效地限制了热传导，是目前热导率最低的固态材料，而且可阻止环境温度的红外热辐射，成为一种理想的透明隔热材料，在太阳能利用和建筑物节能方面已经得到应用，可望替代聚氨酯泡沫成为新型冰箱隔热材料，或者作为军品配套新材料。据报道，美国宇航局将气凝胶用于火星车和宇航服的隔热部件。只需在宇航服中加入一个18 mm厚的气凝胶层，就能帮助宇航员扛住1 300 ℃的高温和零下130 ℃的超低温。雪佛兰公司和多家体育用品公司将气凝胶用于汽车挡板、保温瓶、睡袋等产品的保温隔层。

通过结合气凝胶和高分子纤维，可以将气凝胶转变为耐用、柔韧的复合材料，提高产品的机械和耐压性能。例如，美国Dunlop体育器材公司研发了含有气凝胶的网球拍，击球效果极佳；美国军方在两片金属挡板之间加上一层气凝胶夹层进行防爆破测试，炸药直接炸中也能够很好地防冲击和抗震。气凝胶在光、声、电等领域也得到了应用，硅气凝胶掺杂改性后可研制成荧光检测器、光导传感器、成像装置或新型激光防护镜，硅气凝胶也是一种良好的声学延迟或高温隔声材料，可用于传感器、扬声器和测距仪。

目前，气凝胶材料占据了绝热材料、防护材料等相关市场金字塔模型的塔尖部分，在整个工业和材料市场中的规模几乎微不足道。这一方面说明气凝胶产业仍然处于早期起步阶段，同时又预示着其未来巨大的发展空间。尤其是随着节能环保产业的快速发展，气凝胶材料在工业和设备领域的发展空间将不可估量。

6. 五光十色的世界——量子点材料

量子点是肉眼看不到的、极其微小的无机纳米晶体，为尺寸在1~10 nm左右的半导体颗粒结构，是一类真正意义上"五光十色、光彩夺目"的材料（图6-10），有时也被称作"纳米点"。量子点这个结构特点是可以把里面的电子和空穴束缚在颗粒大小的空间里，从而产生量子化能级，就如同一个

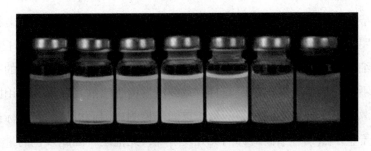

图6-10　五光十色的量子点材料

原子一样，因此量子点也被称为"人造原子"。

1983年，美国贝尔实验室的Brus博士证明了通过改变在水溶液中分散的硫化镉胶体颗粒的大小，其发光的激子能量也随之变化。于是，他提出了"胶体量子点"的概念，解释了量子点的大小和发光颜色之间的相互关系，为量子点的研究和应用铺平了道路。

在半导体材料中，每个原子的最外层电子处于一种比较灵活的束缚状态，当增加电压时，电子会被激发，从而对应地产生一个单位的正电荷，称为"空穴"。随着电压的加大，半导体中电子和空穴会逐渐分开。在普通的大块半导体材料中，因为能带很宽，这个过程几乎是连续的。但是由于量子点是纳米量级的半导体材料，因此产生了量子化的效果，即电子以一个个离散能级的形式存在，就像在一个原子里一样，电子可以通过吸收和辐射光子能级跃迁，从而使得量子点在外加电压或者紫外光照射下产生颜色鲜明、非常亮丽的发光现象。

不同半导体材料所形成的量子点具有不同的能级分布，因此吸收和辐射的光波长也就不同，这使得不同的量子点发射出不同颜色的光，被称为"荧光"。例如，照明用的日光灯管就利用了这种荧光效应。科学家们还通过改变量子点尺寸控制它发射的光的波长，产生不同的颜色。一般量子点颗粒小会吸收长波，颗粒大会吸收短波。举个例子：比如2 nm大小的量子点，可吸收长波的红色，显示出蓝色；8 nm大小的量子点，可吸收短波的蓝色，呈现出红色。和普通的大块半导体材料相比，量子点把连续的能带变成了离散的能级，因此自发产生的荧光具有更好的单色性和亮度，非常适合用在光电显示技术上，充当显示屏和生物成像媒介中的发光物质。此外，单个的量子点还是一个理想的单光子源，可以用在量子通信和光量子计算中。

一般来说，量子点的荧光强度和荧光寿命比常用的有机荧光染料（例如罗丹明）高几十倍，发光稳定性更是百倍以上。因此可以对用量子点标记的活体细胞、细菌、病毒或者微观物体进行长时间的观察。与传统的有机荧光染料不同，量子点发出的荧光具有宽的激发谱和窄的发射谱，使用同一个激发光源就可实现对不同种类的量子点同步检测，因而可用于多色标记。另外，由于量子点具有窄而对称的荧光发射峰，无拖尾，因此多色的量子点同时使用时不易互相干扰。这些特性极大地促进了量子点的荧光标记在生物显微成像中的应用。目前，商业化的量子点材料多为镉化合物的量子点，这是因为含镉体系一般比无镉体系的发光效率、光转换率高。但对于含镉或铅的量子点，为了防止其对活细胞的毒性，一般会对其表面进行包裹处理后再修饰生物标记分子，开展生物医学成像应用。

为了用于高清晰度的显示屏，通常将能够发出红光、绿光和蓝光的三基色量子点荧光粉与聚合物混合均匀后，制成厚度在0.1 mm左右的量子点膜片，作为量子点LED显示屏的背光源。与传统的液晶显示屏不同，使用量子点材料的背光源是目前色彩最纯净的背光源，从而带来性能上的诸多不同，能够带来革命性的全色域显示，最真实地还原图像色彩，在画面质量与节能环保上更具优势。打个或许不恰当的比方，传统的 LCD 显示就如同姑娘出门只化了裸妆，虽然也足够美丽，但脸部总显得没那么立体，而量子点显示（图6-11）则像给姑娘涂上了全套彩妆，可谓赏心悦目、明艳动人。

图6-11　量子点LED电视

量子点显示技术在色域覆盖率、色彩控制精确性、红绿蓝色彩纯净度等各个指标上都非常突出，被视为全球显示技术的制高点。在光电显示行业，三星、LG、苹果等大型跨国企业都积极推进量子点显示技术研发，而亚马逊、华硕、夏普、海信等企业也不同程度在其产品上采用了量子点技术来提高画质。2014年底，TCL率先发布了量子点LED电视。目前，国际量子点显示的产业正处在蓬勃发展的阶段，有很大的发展空间。

7. 记忆合金真的具有像人类那样的记忆力吗?

你知道太空探测器上的巨大天线是怎样带上去的吗？其实有一种很简单的办法，就是用形状记忆合金做成天线，然后把这种天线搓成小球，放在太空探测器上，等到了目的地，利用太阳光的热就可以把这种小球变成巨大的天线。未来，还会有用形状记忆合金做成的汽车，当被撞瘪了的时候，回家用吹风机的热风一吹，它就会自动恢复原来的样子，让你不再为修车而烦恼。

那么，究竟什么是记忆合金呢？20世纪60年代初，美国海军实验室的Buehler及其合作者从仓库领来一些等原子比的镍钛合金丝做力学实验，但是这些合金丝弯弯曲曲，不方便使用，于是他们就把这些合金丝都一一拉直。在试验过程中，奇妙的现象发生了：当温度上升到一定的数值，将这些已经拉直的镍钛合金丝泡在热水中时，它们就会突然恢复到原来的弯曲状态（图6-12）。研究人员经过反复多次试验，证实了这些合金丝确实具有"记忆效应"。

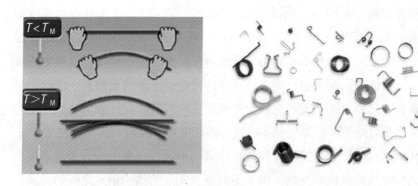

图6-12 形状记忆合金材料

这一发现引起了科学界的极大兴趣，并对此进行了深入的研究，掀起了这类合金研究的热潮。随后人们发现，铜锌合金、铜铝镍合金、铜钼镍合金、铜金锌合金等，也都具有这种奇特的性能。这些合金的形状可以在一定的范围内被弯曲，然而当温度升高到一定程度，它们就会自动恢复到原来的形状，而且这种"弯折-恢复"过程可以反复进行，不管多少次也能丝毫不差地重现。例如，一根螺旋状高温合金弹簧，经过高温退火后，它的形状处于螺旋状态。在室温下，即使用很大力气把它强行拉直，但只要把它加热到一定的"相变温度"时，这根合金仿佛记起了什么似的，立即恢复到它原来的螺旋形态（图6-13）。人们把这种现象叫作"形状记忆效应"，把这一类特殊的金属叫作"形状记忆合金"，简称记忆合金。

原始形状　　　室温下加外力变形　　加热形状开始恢复　　回复到原始形状

图6-13　形状记忆合金材料实验

难道记忆合金真的具有人类那样的记忆力吗？其实不是的，这只是某些合金在固态时其晶体结构随温度发生变化而呈现的规律。简单来讲，这些合金的微观结构有两种相对稳定的状态。例如，镍钛合金在40 ℃以上和40℃以下的晶体结构是不同的。当温度在40 ℃上下变化时，合金就会收缩或膨胀，使得它的形态发生变化。因此，40 ℃就是镍钛记忆合金的"相变温度"，不同的记忆合金有不同的相变温度。在高温下这些合金可以被弯成各种形状，在较低的温度下强行把它拉直时，它会处于不稳定状态。因此，只要将它重新加热到形变温度，它就会变回原来的形态。而一般的金属在受力后，只会产生可逆的弹性形变和不可逆的塑性变形，并没有形变记忆效应。

为什么这些记忆合金能够记住自己原来的形状？这是因为合金的形成是在高温条件下熔融金属的互熔，由于不同金属元素的结构单元之间的排异，导致了这种元素的结构单元与另一种金属的结构单元相互掺和均布。形状记忆合金的高温相具有较高的结构对称性，通常为有序立方结构。当记忆合金凝固后，其微观结构是不同种类的结构单元成比例地有序排列，单一取向的高温相转变成具有不同取向的马氏体变体。如果在低于相变温度时弯曲这种合金，材料内与应力方向处于不利地位的马氏体变体不断消减，处于有利地位的则不断生长，最后转变成具有单一取向地有序马氏体。如果把合金再次加热到相变温度以上，这种对称性低的、单一取向的马氏体微观结构将会发生逆转变，形成先前的单一取向的高温相，于是便恢复了材料在高温时的宏观形状。这就是所谓的"单程形状记忆"。

更有趣的是还有"双程记忆效应"。某些合金加热时可以恢复高温相形状，冷却时又能恢复低温相形状。甚至还有某些合金具有"全程记忆效应"，当加热时恢复高温相形状，冷却时变为形状相同而取向相反的低温相形状。这些效应可以提供多种实用化的新用途，比如当宇宙飞船的铆钉用双向记忆合金制作时，在高温下可能会发生变形和弯曲，但是等到铆钉重新降温后又会重新变直。

在理论研究不断完善的同时，形状记忆合金的应用研究也取得了可喜的进步，其应用范围涉及军事、机械、精密仪器、电子、化工、航空、能源和医疗等领域，而且发展潜力巨大。人们可以利用记忆合金在特定温度下的形变功能来制作多种温控器件和形状恢复元件，包括温控电路、自动温控开关、温控阀门、温控管接头、热敏元件、弹簧、天线、套环、眼镜架等。用记忆合金制作的自动消防龙头，可以在失火温度升高时发生变形，使阀门自动开启，喷水救火。很多军用飞机的空中加油接口就利用了记忆合金，当两架飞机的油管互相套结后，利用电加热改变温度，使得接口处记忆合金变形而紧密贴合，滴油不漏。镍钛基的记忆合金具有很好的超弹性和生物相容性，可以用于很多医疗器械，比如：心脏修补器件、脊柱矫形架、牙齿矫形架、接骨板、人工关节等。另外，利用形状记忆合金的传感和驱动功能，可以通过温度操纵精密部件的形状，实现控制系统的微型化和智能化，如制造全息机器人、毫米级超微型机械手等，有望在微纳米加工、精密电子控制系统、空间站等高技术领域大显身手。

8. 泡沫金属："千疮百孔"的新型多孔材料

多孔介质指的是由相通的、不规则的孔的固体骨架和流体组成的一类复合介质，它构成了地球生物圈的物质基础。人类从很早就开始认识多孔介质内的物理过程。例如，土壤中水、肥、污染物的吸收、保持和迁移，动物体内的新陈代谢和植物体中根、茎、叶中水分和养分的传递等。作为泡沫类的大孔尺寸多孔介质，泡沫金属（图6-14）是一种孔隙度达到90%以上、具有一定强度和刚度的新型金属材料。泡沫金属拥有密度小、隔热性能好、隔声性能好以及能够吸收电磁波等一系列良好优点，是随着人类科技逐步发展起来的一类新型材料。

图6-14 泡沫金属材料

与一般烧结多孔金属相比，泡沫金属的气孔率更高，孔径尺寸较大，可达7 mm。由于泡沫金属是由金属基体骨架连续相和气孔分散相或连续相组成的两相复合材料，因此其性质取决于所用金属基体、气孔率和气孔结构，并受制备工艺的影响。通常，泡沫金属的力学性能随气孔率的增加而降低，其导电性、导热性也相应呈指数关系降低。当泡沫金属承受压力时，由于气孔塌陷导致的受力面积增加和材料应变硬化效应，使得泡沫金属具有优异的冲击能量吸收特性。目前，已经在开始实际应用的泡沫金属有铝、镍、铜等。

其中，泡沫铝材料的密度仅为同体积铝的0.1~0.6倍，但牢固度却是泡沫塑料的4倍以上，导电性能要比实心铝材料小得多，相反电阻率就大得多，是电的不良导体。另外，泡沫铝还具有刚性大、不易燃、不易氧化、不易老化、可回收再利用等特点。正是由于泡沫铝的这些优良性能，决定了它具有广泛的用途和广阔的应用前景。尤其是在汽车制造业方面，泡沫铝被认为是一种未来大有前途的良好材料。目前国外已有全铝汽车出现，与铝相比，泡沫铝材料具有更轻量化的特点，可以更好地提高燃油效率。

与海绵、泡沫塑料、橡胶以及木板等材料一样，泡沫金属也具有很好的缓冲保护性能，已成功地应用于航天器返回舱、月球着陆器、汽车防撞、高铁动车厢体等多个领域（图6-15）。另外，在制备人工骨方面，因为部分多孔材料与人体组织有良好的相容性和无害性，所以可用于一些医疗领域，例如骨科、牙科等。例如，用钛金属泡沫材料制成的人造骨骼，既有利于相应组织细胞的附着生长，又具有很好的减振效果，在保证力学性能的同时又使替换部分的生物特性接近原有水平，这对绝大多数不具备自恢复效应的人骨材料来说极为重要。

图6-15　泡沫金属的应用

泡沫金属还可以应用于建筑装饰材料、耐火材料、阻燃材料、催化剂载体、多孔电极等诸多领域。可以说，泡沫金属的应用前景相当广阔。未来，随着泡沫金属生产工艺的不断完善及对其研究开发的不断深入，它的应用领域还将不断地扩大。因此，对泡沫金属进行研究开发有着重大的实际应用价值。

9. 不同寻常的高温超导材料

高温超导材料是指在液氮温度（77 K）以上超导的材料。这是一种不同于常规超导材料，必须要施加超低临界温度、超高压等极端苛刻的条件，能够在相对较高温度下实现超导。

超导是一种非常有趣并且意义深远的低温固体物理现象。1911年，荷兰莱顿大学的Heike Kamerlingh Onnes发现了绝对温度4.2 K（即约-268.95 ℃）

下许多金属和合金都呈现电阻消失现象，他将具有超导性质的材料称为超导体，并因这一发现获得了诺贝尔奖。1933年，德国物理学家Walther Meissner和Obert Ochsenfeld共同发现了超导体的另一个极为重要的性质——完全抗磁性，即当金属处于超导状态时，体内的磁感应强度为零，这种现象被称为"迈斯纳效应"，可用来判别物质是否具有超导性。超导体的零电阻和抗磁性使电流流经超导体时不发生热损耗，产生超强磁场。后来人们还做过一个有趣的实验，利用超导磁铁的强大磁场稳稳地托起一只活着的青蛙（图6-16）！

图6-16　高温超导材料

　　近几十年来，为了超导材料的实际应用，科学家们一直探索高温超导材料。1987年，钇钡铜氧系材料首次把超导温度提高到90 K以上，成功地突破了液氮的"温度壁垒"。1993年，铊钡钙铜氧系和铊汞铜钡钙氧系材料又把超导温度提高到了138 K。2014年，发现在超高压条件（1亿个大气压以上）的硫化氢固体可以在203.5 K（-70 ℃）的温度下达到零电阻。有趣的是，最近麻省理工学院的物理学家发现即使不引入杂原子碳材料也能形成超导态。

　　高温超导材料的突破，使得超导技术有潜力走向大规模应用。其中最广为人知的用途是用在电力网上，超导材料的零电阻特性可以用来帮助大功率的超高压输电，还可以节省10%~20%因输送而造成的电力损耗。1996年，欧洲皮雷利电缆公司、美国超导体公司和旧金山电力研究所已制成了第一条超导输电电缆。随着新的高温超导材料的不断发展，未来超导输电将逐渐成为现实。

　　高温超导材料另一个令人期待的用途是磁悬浮交通工具，在悬浮无摩擦状态下能大幅度提高速度和静音性能，并有效减少机械磨损和能量损耗。超导列车已于20世纪70年代成功地进行了载人可行性试验，1987年在日本开始试运行，而超导船也已于1992年下水试航。由于高速行驶的不稳定性能，实际应用还待进一步突破。

在精密机械和电力等行业，超导材料也有重要的应用前景。利用超导悬浮可制造无磨损的电机、机械轴承和高速陀螺仪，将轴承转速提高到100 000 r/min以上。超导材料可用来制造大型极强磁体，也可用于高能粒子加速器、受控热核反应堆等高科技研发。超导材料还能像半导体那样做成二极管、三极管和超导量子干涉仪，制作一系列精密测量仪表及辐射探测器、弱磁场探测器、逻辑元件超导计算机等。利用超导材料制造的超导计算机，运算速度比高性能硅基集成电路快10~20倍，而功耗只有1/4。

超导技术被认为是将决定一个国家智能电网竞争力的关键"卡脖子"技术。2001年，340 m长铋系高温超导电缆在清华大学应用超导研究中心研制成功，并建成第一条铋系高温线材生产线。同年，北京有色金属研究总院成功地制备了大面积高质量的双面钇钡铜氧超导薄膜。目前，我国第一代高温超导材料的规模化生产工艺已经研究成熟，第二代高温超导材料由于其成本低更适用于产业化运作，研发也已取得了显著的进步，已经在电力、通信、军事及医疗等领域投入了使用。在我国的高精尖技术行业，超导产品的种类逐渐增加，现已进行产业化运作的包括超导电缆、超导限流器、超导滤波器、超导储能等，在部分领域的研发已经处于国际先进水平。

10. 超材料：材料界的魔术师！

超材料（metamaterials），又称"超构材料"或者"人工超构材料"，是指一大类通过设计人工功能基元和周期性的空间有序结构所形成的新型材料，能够展现出许多新奇的、超常的力、热、光、声、电、磁等物理特性（图6-17）。这些材料虽然在成分上并无太多的特殊之处（通常由金属或高分子材料制成），但是由于它们具有精确设计的形状、尺寸、孔洞和几何构型，使得它们具有常规块体材料所不具备的特性，能够通过阻挡、吸收、增强、弯折或者干扰特定波长的电磁波或声波的传播，实现光学和声学"隐

图6-17　超材料

身"、负折射率、光操纵、负磁导率、负介电常数、超高力学强度等超越传统材料的神奇功能。简单来说，超材料就是指往往具有"不按常理出牌"特异性能的一类新材料。

　　早在1898年，英国科学家就研究了一些具有不对称手性结构的物质，被认为是超材料研究的最早起源。随后，科学界对其进行了一系列的研究和探索。1967年，苏联的理论物理学家Victor Veselago从理论上提出了负折射率的超材料。1999年，英国物理学家John Pendry第一个明确提出制作左手超材料的实用方法。2006年，美国物理学家D.R.Smith的课题组利用超材料实现了第一个在微波频段的"隐身"斗篷。

　　超材料向我们展示，自然界的规律可能并不总像它们看起来那样固定。超材料的性质通常不是来自其基体材料的性质，而是来自它们新颖设计的人造微观结构。通过适当设计的超材料可以使得对特定波长的电磁波或者声波以非常规的方式进行传播。正是因为超材料的性质不是由构成的材料决定，而是取决于人工结构，所以在人为设计、控制的情况下，就能以全新的方式对光进行折射和操控，进而创造多种不寻常的光学效果，例如负折射（图6-18）、相位全相片、超级透镜等，甚至是科幻小说里的隐形外衣（图6-19）。

　　对超材料研究是跨学科的，涉及光学、电磁学、凝聚态物理、光电子学、纳米材料和半导体工程等诸多领域。超材料可以实现很多不可思议的用途，包括光学滤波器、隐身飞行器、远程航空航天应用、传感器检测、雷达罩、高频战场通信、高增益天线镜头、超声波传感器甚至屏蔽

图6-18 折射率为负的超材料　　　图6-19 超材料制成的隐形外衣

地震波等，从军事、工业再到生活消费等各个领域，超材料都将产生颠覆性的应用。

　　其中，隐身技术是通过控制军事装备的信号特征，使其难以被发现、识别和跟踪打击的技术，是提高战场生存能力的有效手段。与传统的利用各种吸波、透波材料、红外遮挡、涂抹迷彩等方法相比，利用负折射率材料制造的军事装备可以将光线或雷达波反向散射出去，这样从正面接收不到反射的光线或电磁波，从而在技术上实现真正意义上的雷达、微波、红外和光学隐身。此外，电磁超材料还可以用于电磁黑洞、慢波结构等元器件的制作，用于超材料智能蒙皮、超材料雷达天线、电子对抗雷达、超材料通信天线和无人机雷达，对未来的通信、光电子技术、先进制造产业以及传感、核磁、强磁场及微波利用等技术产生深远的影响。

　　另外，超材料对光波的奇妙操纵能力提供了创造"超透镜"的潜力。常规的显微镜、放大镜等光学器件的制造一直被一条光学规律所限制——无论光学仪器的镜片多么精良，任何小于光波长度的物质都是无法被观察到的。然而，利用负折射率材料制成的透镜却能克服这个问题，制作成理想的超透镜，可以允许在小于光波衍射极限的尺度下成像，突破传统玻璃透镜可以实现的最小分辨率。利用负折射率材料的这些特点，可以制作单光子探测器、微型分光仪、超灵敏单分子探测器、磁共振成像设备及新型的光学器件，用于进行生化试剂传感探测、微量污染探测、生物安全成像、生物分子指纹识别，以及遥感、恶劣天气条件下的导航等。

　　此外，一些特殊结构的超材料也能够对声波、次声波、超声波甚至地震波进行控制、引导和操纵，它们也称"声学超材料"或"机械超材料"。利用声波或机械波在这些具有特殊结构材料中的特殊传播机制，可以形成局域共振系统，来精确地增强或者消除声音的传播，用途包括非破坏性材料测试、医疗诊断和声音过滤等。更有意思的是，在建筑领域如果大规模采用机械超材料，可以形成减弱地震波的超材料防护系统，有效地减弱破坏性的地表地震波对人造建筑的不利影响，使得未来的城市在破坏性地震中受到保护，也可以用来屏蔽其他形式的高频振动，比如在高铁路线的周围减弱振动，或者对爆炸等危害加以防护。

在力学增强方面，超结构材料可以提供超轻质量和超高强度等特性。通过计算机的模拟计算，可以设计具有类似于建筑物和桥梁桁架结构的超轻材料，其密度非常小，和常规的气凝胶相当，但是强度却比气凝胶高4个数量级，可以承受至少160 000倍的自身质量。另外一种奇妙的弹性超材料则具有负的"泊松比"，在进行压缩的时候，这种材料会从各个方向进行收缩，而不是向另外两个侧面鼓出去，变得又宽又平；而在拉伸的时候，它又会向各个方向延伸（图6-20）。这种材料具有良好的抗冲击性能，可用于汽车车体、缓冲器等增强复合材料，还可用于防弹背心、护膝、护套等，在航空、国防、电子产业等方面有着巨大的潜在价值。

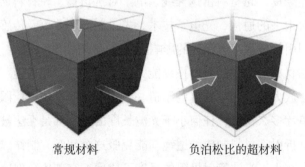

常规材料　　　　　　　　　负泊松比的超材料

图6-20　负泊松比的超材料

目前，众多发达国家都在加大超材料技术的研发，美国国防部将其列为"六大颠覆性基础研究领域"之一，2010年《科学》杂志将超材料列入21世纪前十年10项重要科学进展之一。我国也高度重视超材料技术的发展，在863计划、973计划、国家自然科学基金、新材料重大专项等项目中对超材料研究予以立项支持，在电磁黑洞、超材料隐身技术、介质基超材料以及声波负折射等基础研究方面，取得了多项原创性成果。在2017年发布的《"十三五"材料领域科技创新专项规划》中，对超材料也进行了重点规划。毫无疑问，超材料在将来各领域的应用，将带来各种颠覆性的技术变革。

11. 仿生自修复材料让你不再担心手机碎屏

日常生活中，你总会遇到这种情况：当你进行野外登山时，好不容易爬到了山顶，但满山的树枝和荆棘不仅在你的衣服上划出了口子，还在你的身上留下了划痕。几天之后，皮肤上的划痕会自己愈合，直至恢复正常，可是衣服上的破洞依旧那么显眼。如果衣服上的口子也能像皮肤一样自我修复该有多好。然而，人类的皮肤这种能够在很大程度上对表面上造成的损伤进行止血、自我愈合等自修复功能，是常规材料所做不到的。这是因为生物体中存活的健康细胞不断进行分裂和增殖，以取代死亡细胞和修复受损组织，这种生理机能被称为再生和自修复。

通过学习和借鉴在生物体中这种非常有用的自修复功能，科学家们正在努力开发自我修复材料。仿生自修复材料是一种可以感受外界环境的变化，通过模拟生物体损伤自修复的机制，在材料受损时能够进行自我修复的智能材料。在智能设备普及的今天，大屏已成为主流趋势，虽然大屏智能设备给我们带来了很好的视觉体验，但是屏幕磨损与碎裂的可能也随之增加。如果采用自修复材料制造智能手机屏幕，即使在摔碎之后也能自我修复，这将很好地增强用户的使用体验。

材料在长期的使用过程中，不可避免地会产生局部损伤和裂纹，如果严重的话，甚至会形成裂缝而发生断裂，影响材料正常使用。如果能够对裂纹进行早期修复，可以非常有效地提升材料的使用寿命。自修复的核心就是模仿生物体治愈创伤的原理，通过施加物质补给和能量补给，使得材料对内部或者外部的损伤进行自修复和自愈合，从而消除隐患，延长使用寿命（图6-21）。例如，宇宙飞船受到微流星的撞击，会产生细小、非常隐蔽的裂缝，势必造成极大的安全隐患，如果采用自修复船体材料，将识别损害的出

图6-21　自修复材料

现并立即自我修复，能大大延长宇宙飞船的使用寿命。

　　按照原理的不同，自修复材料可以分为两大类：一类主要是通过对材料的成分进行设计，使得其表面在加热、光照等外界能量供给的支持下能够产生交联作用（如氢键或化学键）、结晶或成膜等效果来实现修复；另一类主要是通过在材料表面或者内部分散或复合一些其他功能性物质来实现，比如装有强力黏结剂的微胶囊、中空纤维或超细陶瓷粉体等，在材料产生裂纹后能够自动释放这些物质进行自我修复。基于这两大机制，自我修复的概念已经在高分子材料、金属、玻璃和混凝土等领域有所体现。

　　其中，高分子自修复材料是目前研究最多的材料类型。高分子材料的结合方式是基于原子间化学键和氢键，可以通过化学反应和结构设计来控制，为实现自修复提供了便利的条件。利用"光照"实现自修复的高分子材料的自修复能力极强，即使切成碎块，只要将边缘压在一起，再用紫外线照射，就会重新结合。如果将这种材料用于手机屏幕，当产生划痕或裂纹，只需在阳光下暴晒数小时，便能完好如初。

　　还有一种利用天然高分子材料（图6-22）的氢键特性而设计的自修复材料，这种材料具有良好的可修复特性，在贴合后的两三秒时间内即可实现愈合，并且力学和导电性能可恢复至原材料的98%，可用于临时的电路修复、可穿戴传感器以及柔性电子器件等。此外，金属自修复材料可以在金属摩擦的工作面上形成保护层，及时地修复金属表面产生的磨损和划痕。混凝土自修复材料可以大大提升桥梁和建筑的使用寿命和安全性。

　　新型自修复材料的重大意义在于能够提高材料的利用率，延长材料使用寿命，避免资源与资金的浪费，对于节约资源、实现可持续发展具有重大意义。自修复材料的快速发展已经受到越来越多关注，其应用范围极为

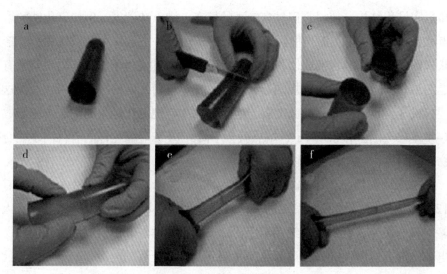

图6-22　自修复的高分子材料

广泛，可以预见未来将在包括机械、电子、军事、汽车、航天、建筑等领域大行其道。

12. 离子液体：名副其实的绿色溶剂!

离子液体（图6-23）是一种非常特殊的液体，是在常温或接近常温状态下呈现液态（熔融态）、可以流动的有机盐类物质。

众所周知，无机盐类像人们常见的食盐、小苏打等，常温下一般都是固体，这是由于带正电荷的阳离子和带负电荷的阴离子之间有很强的化学键

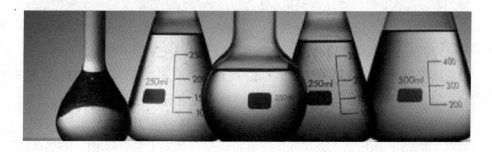

图6-23　离子液体

和紧密堆积结构，使得它们具有较高的熔点、沸点和硬度，例如氯化钠的熔点就超过了800 ℃。而当把阴离子、阳离子中的一方或双方都从体积小、形状规则的无机离子替换成体积大、形状不规则的有机离子，就会出现非常有趣的现象。有机离子的不规则形状减弱了正负电荷之间的吸引作用，使得这些有机盐类不需要太高的温度就能熔化。比如，把氯化钠中的钠离子替换成1-丁基-3-甲基咪唑阳离子，熔点就会下降到70 ℃。像这样的有机离子化合物，我们就称之为离子液体。

早在1914年，德国化学家Paul Walden就发现，乙胺硝酸盐的熔点只有12 ℃，被公认为是最早发现的离子液体。但很久以来对离子液体并没有太多深入的研究，直到20世纪70年代初，美国空军学院开始研究用离子液体做电池的液态电解质，以尝试为导弹和航天器开发更好的电池。20世纪90年代末，科学家们发现这些会流动的有机盐是一类绿色、环保的理想溶剂，从而兴起了离子液体研究热潮。

当前利用离子液体替代有机溶剂，可以从源头上解决化工生产中溶剂挥发带来的污染问题。这是因为离子液体是一种性能优良的溶剂，可以溶解多种无机物、有机物和高分子材料，又具有良好的热稳定性和导电性。同时很多离子液体的化学性质都非常稳定，不易分解，较容易制备，价格也相对比较便宜。此外，离子液体的分子结构还具有优良的可设计性，可以通过设计不同的化学基团从而获得具有特殊性能的离子液体，用于不同的场合。离子液体还可以充当某些反应的催化剂，可以避免常规催化剂可能具有毒性或产生大量废弃物的缺点。

由于离子液体中阴离子、阳离子的结构可以进行多种多样的排列组合，种类非常庞大，利用计算机模拟，分析和筛选适合工艺需要的离子液体是一个重要研究手段。最近十余年来，在提高离子液体性能、降低成本、解决离子液体混合物的分离和提纯，以及开发既用于溶剂又能用于催化剂的新型离子液体等领域，都取得了可喜的进展。而且离子液体在高分子聚合反应、催化加氢反应、还原胺化反应、化学键重排反应、电化学合成等方面也得到实际应用，体现出了反应速率快、选择性和转化率高、可循环重复使用等突出的优点。例如，德国巴斯夫公司在生产有机磷化合物的工艺中利用1-甲基咪唑盐酸盐这种离子液体与有机磷化合物不互溶的特性，使得反应产率从50%提高到98%，生产效率提高到原来的近9万倍，带来了巨大的经济效益。另外，离子液体在物质的分离和纯化、溶剂萃取、生物医药、高安全电池系统、污染物处理、核燃料和核废料的分离处理等领域都具有巨大的应用潜力。

总而言之，离子液体具有无气味、不挥发、性质稳定、不易燃易爆、易与反应产物分离、易回收利用、可多次循环使用、绿色环保等优点，有效地解决了传统有机溶剂的使用所造成严重的环境污染、安全隐患、健康危害和设备腐蚀等负面问题，是一类环境友好、名副其实的新型溶剂。人们对离子液体知识掌握正不断深入，基于离子液体绿色溶剂新型化工技术应用的快速进步，将给人类带来崭新的绿色化学、精细化工和药物合成产业。

13. 3D打印新材料到底有哪些？

人们一直梦想着有一天可以随心所欲地制造玩具、模型、零部件、艺术品、人工关节、发动机叶片甚至房屋、桥梁等各种物品，而奇妙的三维打印（3D打印）技术正好能够做到这一点。自从3D打印技术的概念被提出之后，引起了广泛的关注，被誉为"第三次工业革命"的核心技术之一。

3D打印技术，又叫作增材制造技术，是一种可以对材料进行精确3D形状定制、打印和快速成型的制造技术，其工作原理是通过计算机的自动程序控制，按照事先设计好的3D形状数据文件，将要生产的物品划分为一个个小部分，然后不断地在工作平台上像挤牙膏一样逐点、逐层地添加材料，从而打印出不同形状的物体。与传统的铸造、切削等工艺不同，3D打印技术不需要模具，也不会浪费材料，其打印出的三维物体可以拥有几乎任何形状和几何特征，因此可以获得各种想要的立体结构。

与大家通常想象的不一样，事实上3D打印技术不仅可以打印塑料物品，而且还是一大类可以打印各种材质的技术门类。可以利用3D打印技术成型的"墨水"材料包括：热塑性塑料、多种食品、光固化树脂、聚乳酸、陶瓷粉末、纸、石膏、混凝土、几乎任何金属和合金（如钛合金）等（图6-24）。对于不同类型的材料，需要选用不同的3D成型技术和设备，比如热熔沉积、光固化、分层烧蚀、高温烧结、激光烧结、电子束烧结等，在工艺难度和精度上都有不同的特点。

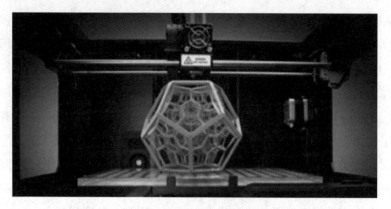

图6-24　3D打印材料

其中，熔融沉积制造法就是把原材料熔化成半流体，然后从喷头拉成一条条丝状体堆积成型，这个丝状体的直径其实也就是3D打印机的精度，这是目前市面上常规3D打印机采用最多的方法，通常用来打印热固性塑料。光固化成型法和分层实体制造法则是化立体为平面，一层层制造出来后堆积起来。光固化成型法利用聚焦的光线精确控制光固化树脂的成型，适合于制造精细工艺品（图6-25），比如精美的棋子、模型之类，具有精度高、可控性强等优点，但其设备成本高、占地大。分层实体制造法又叫叠层制备技术，是利用激光切割器沿着工件截面轮廓线对薄膜材料进行切割成形，再用热黏压工艺逐层地将成形的薄膜材料黏合和堆叠在一起，直至工件完全成形。分层实体制造法适用于纸片、金属片、陶瓷片、塑料和复合薄膜等材料，具有精度高、成本低的优点，但加工的物品表面有台阶纹路，需要打磨处理。

图6-25　3D打印产品

　　而选择性激光烧结法和电子束烧结法，则是在工作台上放一层金属粉末（比如钛合金等），用激光或者电子束一点点将金属粉末熔融烧结起来制造成型。这种方式可靠性高，可以制造大型金属构件，不过设备昂贵、技术性强，基本上只用于高精尖端工业领域，比如航空航天和汽车制造行业。

　　3D打印技术一开始被用于模型设计、模具制造、工业设计等领域，后来逐渐应用于一些产品的直接制造。目前，该技术在艺术文化、教育科研、机械和车辆制造、医疗健康、军事、航空航天、地理信息系统、建筑工程等领域都有所应用。2010年11月，美国打造出世界上第一辆3D打印的汽车。2011年8月，英国南安普敦大学开发出世界上第一架3D打印的飞机。2012年11月，苏格兰科学家利用人体细胞首次用3D打印技术制造出人造肝脏组织。2013年11月，美国德克萨斯州的3D打印公司制造出三维打印金属手枪。2014年11月，全世界首款3D打印的笔记本电脑开始销售。2015年7月，美国旧金山的DM公司推出了世界上首款3D打印超级跑车。在同一时间，3D打印的模块化别墅现身于中国西安，在3个小时内即可完成别墅的搭建。2019年1月，清华大学团队运用自主研发的机器臂3D打印混凝土技术，在上海宝山智慧湾建成目前规模最大的混凝土3D打印步行桥。

　　与传统制造方式相比，3D打印技术带来的是生产加工理念的革命性变革，不光可以缩短加工制造周期，还可以突破传统加工制造方法对复杂形状加工的精度限制，使人类在加工领域实现了自由的个性化定制。3D打印技术的显著特点是在特殊领域和高精尖领域的应用，比如在医疗领域，尤其是在人工骨骼方面使用得特别多。上海交大附属医院为骨盆坏死的患者采用3D打印技术制造了一个人工骨盆，并且移植到了患者体内，最终患者成功康复。欧洲空客公司已经正式将使用3D打印的合金燃料喷嘴用于A320飞机的引擎上。我国的歼-20战机的零部件制造也运用了3D打印技术。不过，另一方面，3D打印技术也存在生产成本高、生产速度较慢、"墨水"材料的种类存在局限性、技术门槛较高等缺点。

　　发展高端3D打印技术是我国打造具有国际竞争力的制造业、提升综合国力的重要一环。近年来，我国的3D打印行业保持了快速发展的势头。为了实施制造强国战略，在我国政府推出的《中国制造2025》计划中，确定以智能制造为主攻方向，涵盖机器人、物流网等基于现代信息技术和互联网技术等各类产业。其中，3D打印是该计划的重中之重，在全文中共出现6次，贯穿于背景介绍、国家制造业创新能力提升、信息化与工业化深度融合、重点领域突破发展等重要章节，融入了推动智能制造的主线，体现出国家对3D打印技术的高度重视，彰显了我国对制造业发展的形势和环境的深刻理解。